人工林の循環利用

口絵１　利用期を迎えた50年生付近のスギ人工林と再造林地

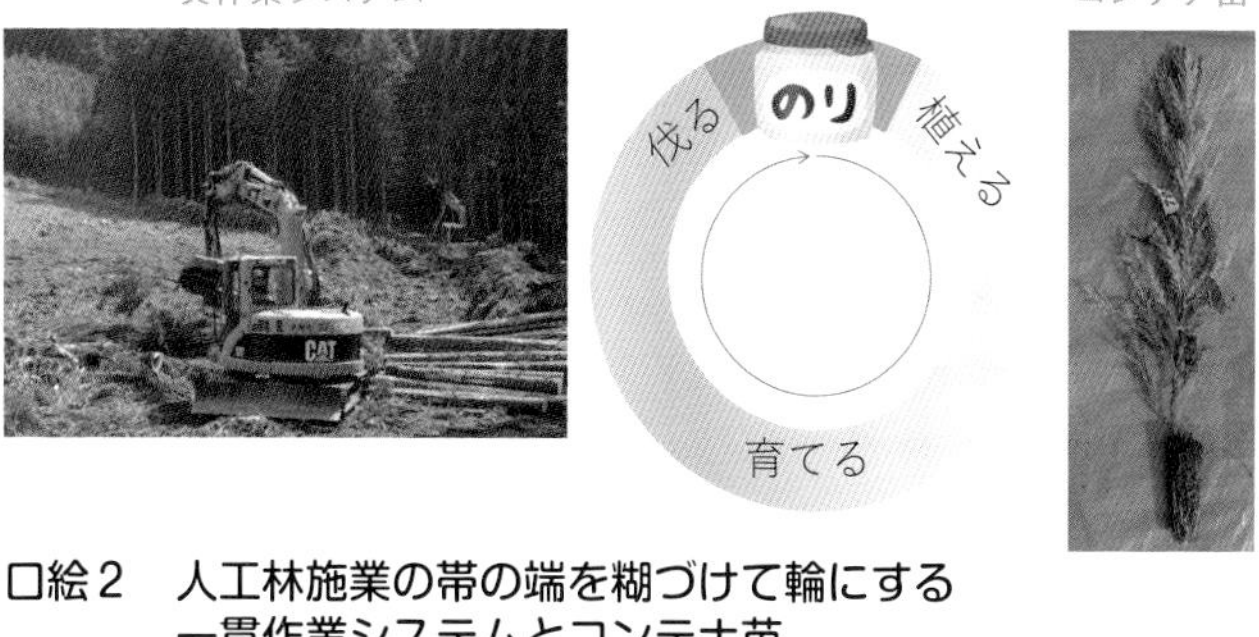

口絵２　人工林施業の帯の端を糊づけて輪にする
一貫作業システムとコンテナ苗

低密度植栽

口絵３　宮崎県飫肥地域の疎植スギ人工林
2011年撮影

エリートツリー

左：第１世代精英樹　右：エリートツリー

従来種　第1世代精英樹　エリートツリー

口絵４　エリートツリー(スギ)の初期成長

森林総合研究所林木育種センター「エリートツリーの開発」(https://www.ffpri.affrc.go.jp/ftbc/business/sinhijnnsyu/seicyou.html）による。

ビッグデータと機械学習を利用した樹高成長の評価

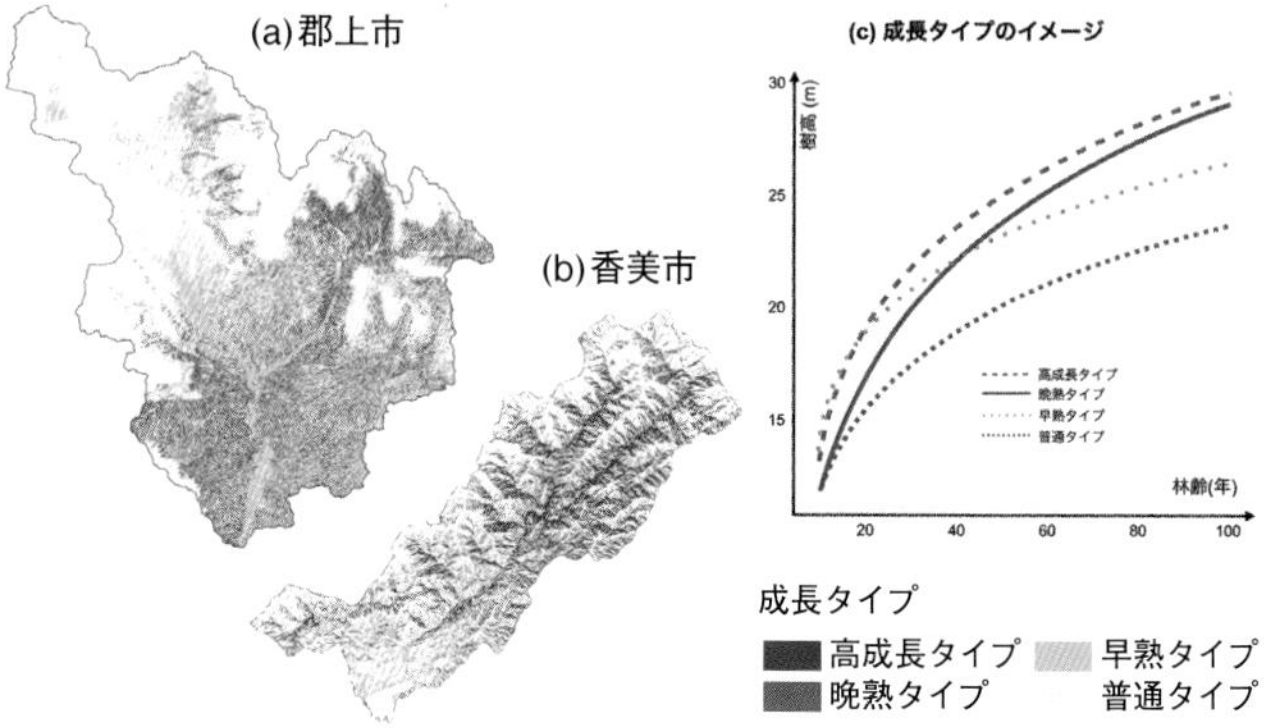

口絵５　地域内における成長タイプ分け.

(a)郡上市、(b)香美市、(c)4成長タイプの林齢に対する樹高成長のイメージ.

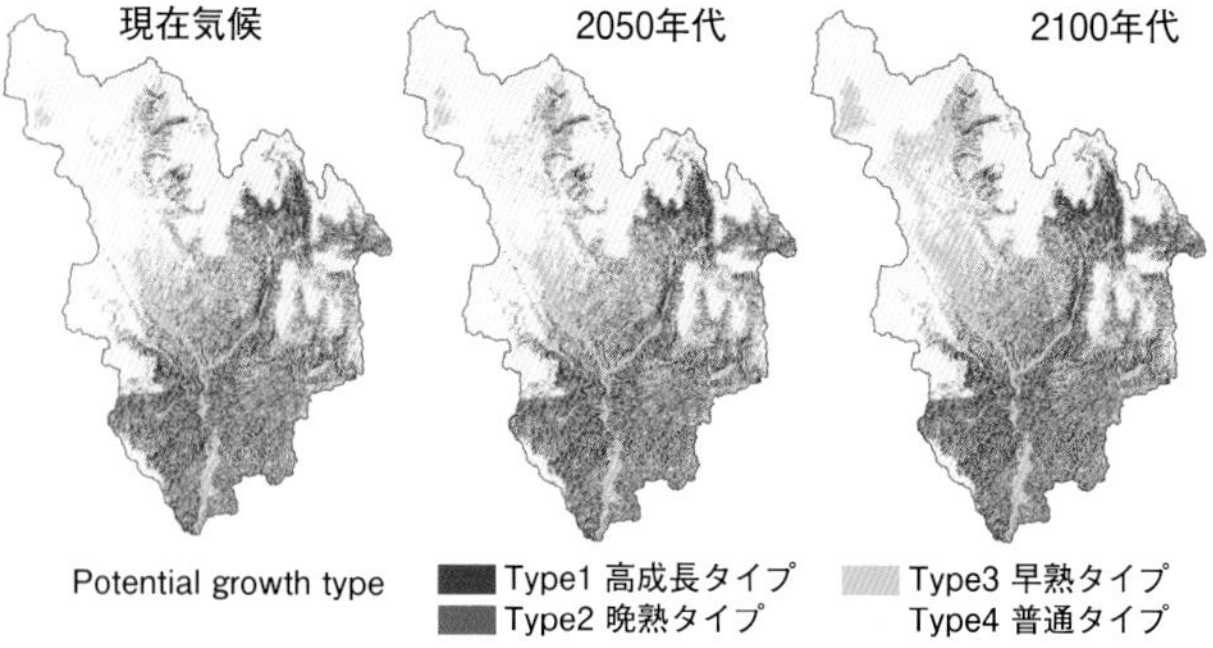

口絵６　将来気候条件下における成長タイプの予測.

将来気候値には、気候モデルとしてMIROC、濃度経路シナリオとしてRCP8.5に基づき計算された予測値を用いた.

再造林地でのシカ被害

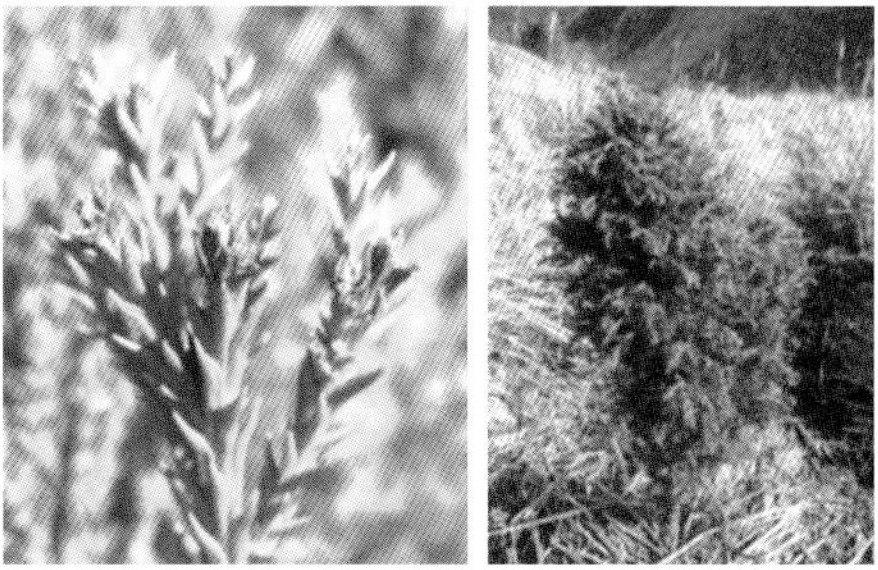

口絵７　シカによる食害を受けたスギの枝先（左）と、
採食が繰り返されて盆栽状になったスギ

口絵８　スギに対する角こすり被害（左）と樹皮食害（右）

口絵９　主軸を折られたスギ（左）と被害部位の拡大（右）

作業効率向上とシカ対策を兼ねた高下刈り

口絵10　通常の下刈り作業(左)と高下刈り(右)の様子

口絵11　高下刈の作業後の様子

QGISのプラグインとして動作する施業計画支援ツール「I-Forest FV」

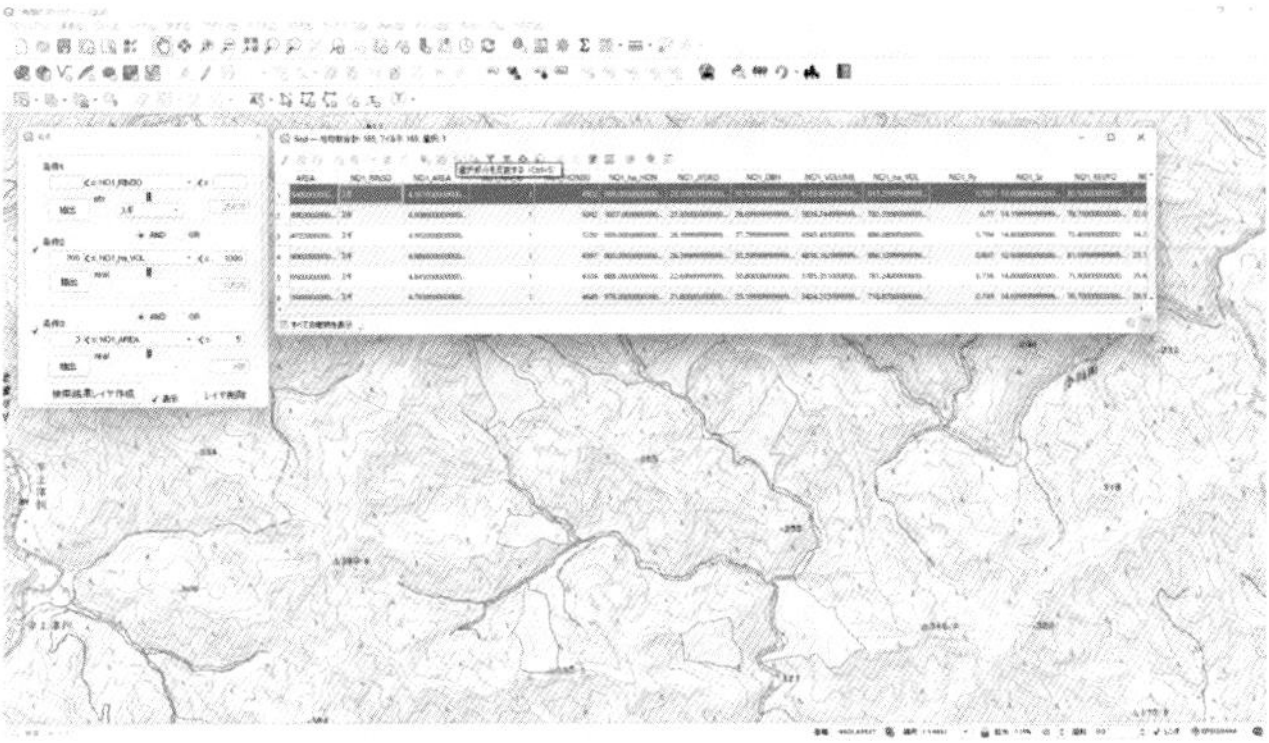

口絵12　検索ダイアログ

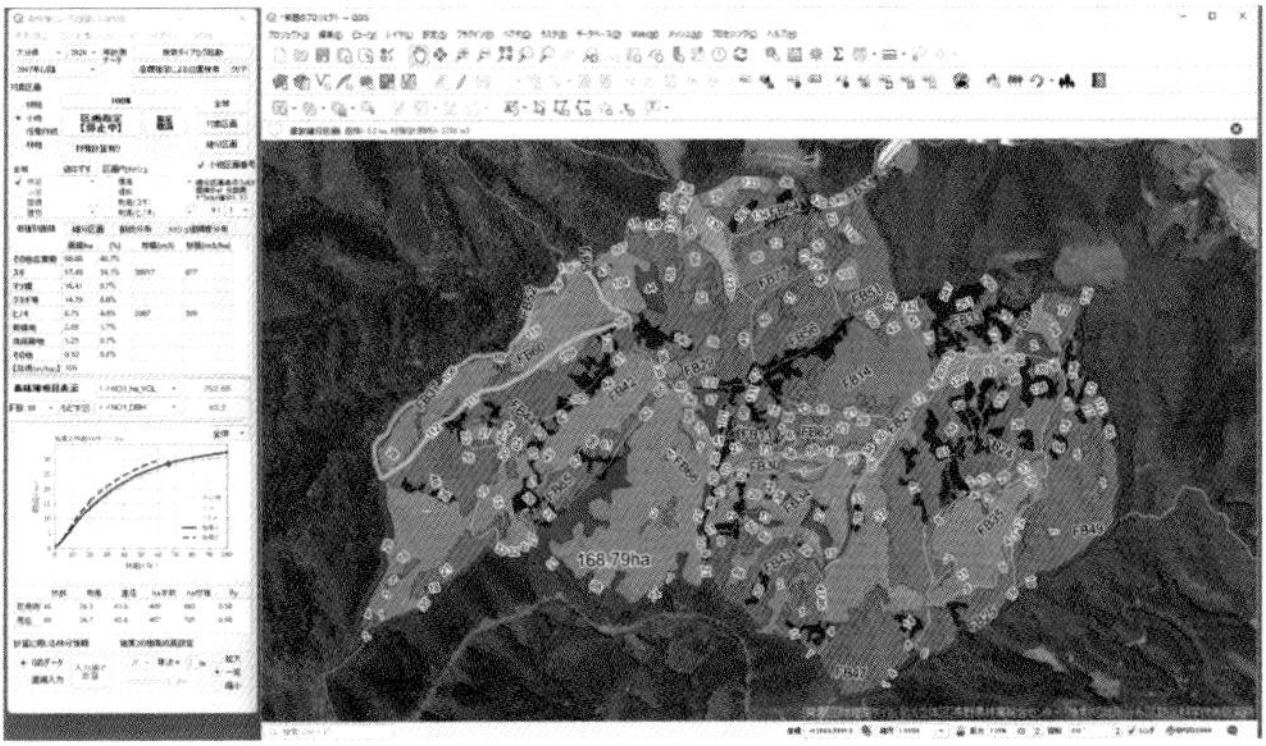

口絵13　指定した区画の情報表示

webブラウザで動作する施業計画支援ツール「I-Forest GE」

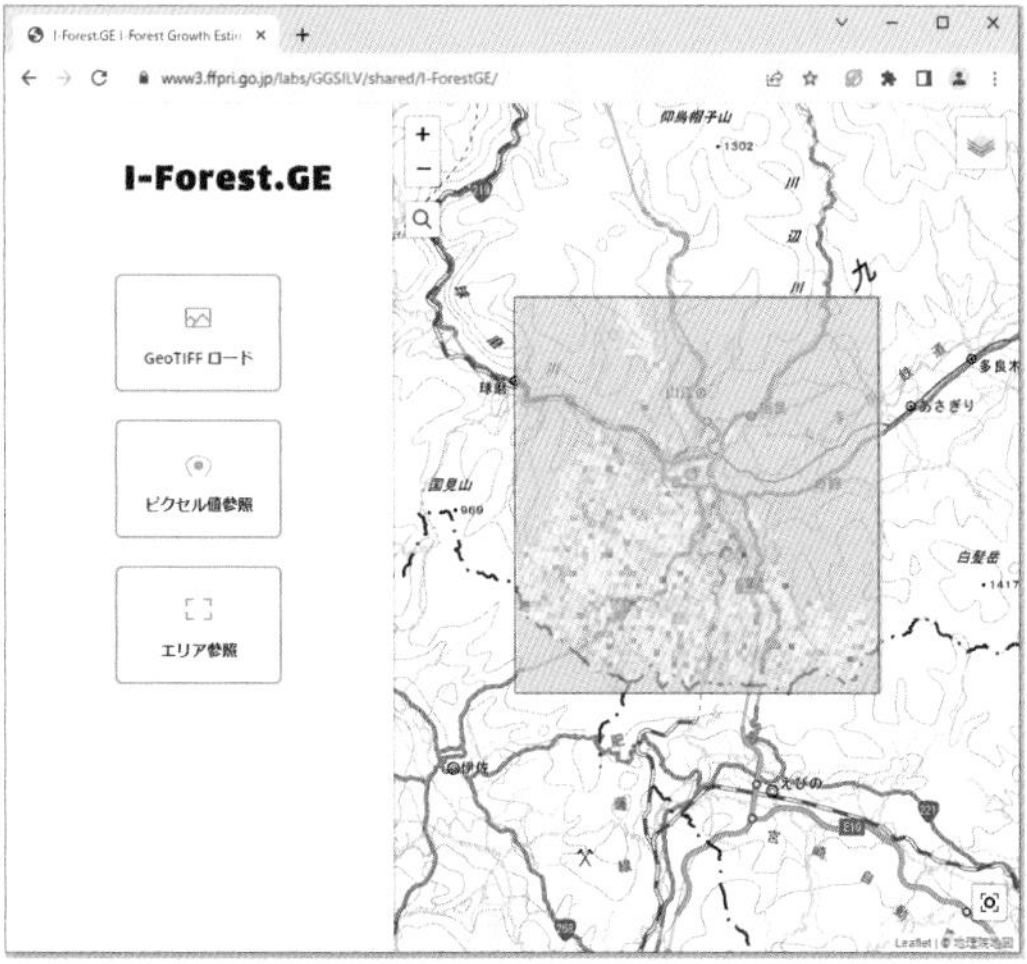

口絵14　基本画面と基本メニュー

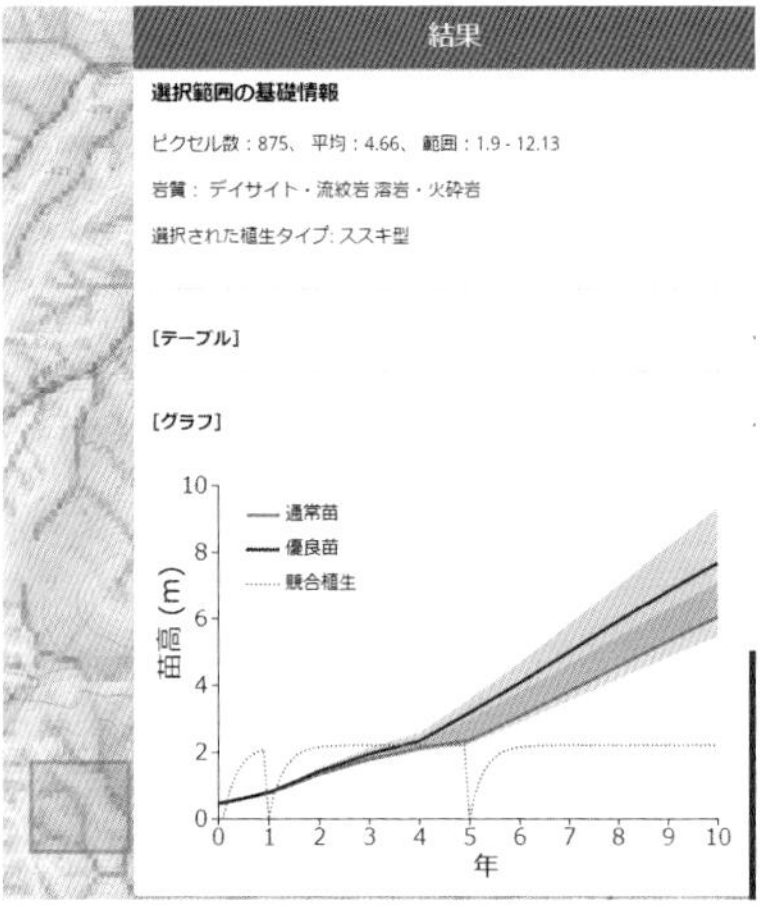

口絵15　計算結果ウィンドウ

低コスト再造林
歩みと最新技術

重永英年 編著
Hidetoshi Shigenaga

林業改良普及双書 No.206

はじめに

スギやヒノキの人工林を「植えて、育てる」造林初期の研究や技術開発は、戦後の拡大造林の時代に盛んに行われていました。しかし、1970年～1980年以降は人工造林面積が大きく減少し、研究や現場で関連した取り組みが数十年にわたって置き去りにされる時代が続きます。21世紀に入って昭和時代の中期に植えられた苗木が大きく育ち、人工林が「伐って、利用して、植えて、育てる」の次のサイクルに入ろうとした矢先に、再造林の障壁となる育林コストの問題が顕在化しました。この課題解決に向けて、研究や技術開発とともに林業現場での実証が2000年代後半から盛んに行われるようになりました。「低コスト再造林」という言葉も使われ始めてから10年以上が経過し、取り組みの成果を紹介したパンフレット等も数多く発行されています。月刊「現代林業」の2023（令和5）年1月号から6月号では、「低コスト再造林　技術の普及とポイント」と題した連載記事で、これまでの成果を解説する機会をいただきました。本書はこの連載記事を元に、あらたなテーマを加えて章立てした構成となっています。

第1章では、人工林を「植えて、育てる」ためのコストの削減が必要とされる背景を取り上げます。第2章から第5章では、再造林の低コスト化に関連して注目されたテーマである、「一貫作業システムとコンテナ苗」、「低密度植栽」、「下刈り省略」、「早生樹とエリートツリー」をそれぞれ取り上げ、過去の出来事も振り返りながらこの10年の成果を解説します。

再造林というと、苗木を山に植えて下刈り等の初期保育を終えるまでの5～10年程度の期間に注目が集まりがちです。しかし、ある場所の再造林で、いま植えた苗木が50年以上先までどのように育っていくのかを予測することはとても大事なことです。なぜなら、温暖化による自然環境や人口減少といった社会環境が大きく変化していくなかで、主伐・再造林を契機として、地域の人工林をこれからどのように造成して維持・管理していくべきかを考える上で大きな意味を持つからです。これに関連して、ビッグデータや機械学習といった最新の手法を活用したスギの成長予測の取り組みを第6章で紹介します。

昨今の再造林では植えた苗木がシカに食べられる被害が大きな問題となっています。その対策に必要なコストは再造林の経費を大きく押し上げることから、個体数を減らす捕獲対策の強化と併せて、植えた苗木をシカから効率良く守るための技術開発が急務となっています。第7

章では、再造林地に植えられた1本1本の苗木に注目し、被害の特徴を踏まえた育林的手法による対策について解説します。さらに、それぞれの再造林地で効率的な対策を行う上で欠くことができない、現場で実践するシカ被害リスクの評価手法を紹介します。

近年では、航空レーザ測量に基づく森林資源情報の整備が進められるとともに、様々な地理空間情報も利用できるようになってきました。ある場所の人工林で、主伐とそれに続く再造林を進める際に、位置と結びついた各種情報を入手して分析することは、低コスト・省力的な人工林施業の実行に関してヒントを与えてくれます。第8章と第9章では、ＧＩＳ（地理情報システム）と連携して施業計画の立案を支援する2つのツールを紹介します。

インターネットが普及した昨今では、パソコンやスマホで検索サイトを起ち上げ、検索窓にキーワードを入力してエンターキーを押せば、関連する多くの情報を簡単に入手できます。各章の末尾には引用文献とともに「検索キーワード」を記しました。読者のみなさん自身が広大なインターネット空間のなかから様々な情報を探りあて、再造林に関する理解を更に深めていただくきっかけとなれば幸いです。

2024年1月　重永 英年

はじめに

目次

第4章 下刈り省略 65

重永 英年

第7章 再造林地でのシカ被害対策 111

第8章　ＧＩＳと連携した施業計画支援ツール（I-Forest.FV）　161

重永　英年

第9章 GISと連携した施業計画支援ツール（I-Forest.GE） 185

壁谷 大介

第 1 章

育林コスト削減と技術開発の背景

国立研究開発法人森林研究・整備機構
森林総合研究所　植物生態研究領域

重永 英年

1．はじめに

本章では、人工林を「植えて、育てる」ために必要な育林コストの削減が注目される背景を取り上げます。また、人工林の「植えて、育てる」に関係する苗木育成、植栽、下刈り、間伐等の研究と技術開発は半世紀前に植えられた日本の多くの人工林が幼齢期、若齢期、壮齢期と進んでいく時代の流れに沿って行われてきたこと、「植えて、育てる」の次に「伐って、植える」を続けることで人工林のサイクルを回し始めようとした時に「再造林」の問題が顕在化し、これに関わる研究と技術開発が２０１０年頃から活発に行われるようになったことを、論文題名に含まれるキーワードの変遷から眺めてみます。

2．育林コスト削減の背景

スギやヒノキを代表とする日本の人工林は戦後の一時期に集中して植えられたものが多く、人工林面積の林齢分布は明瞭な一山型を示します（図１－１）。現在の林齢分布のピークは46年

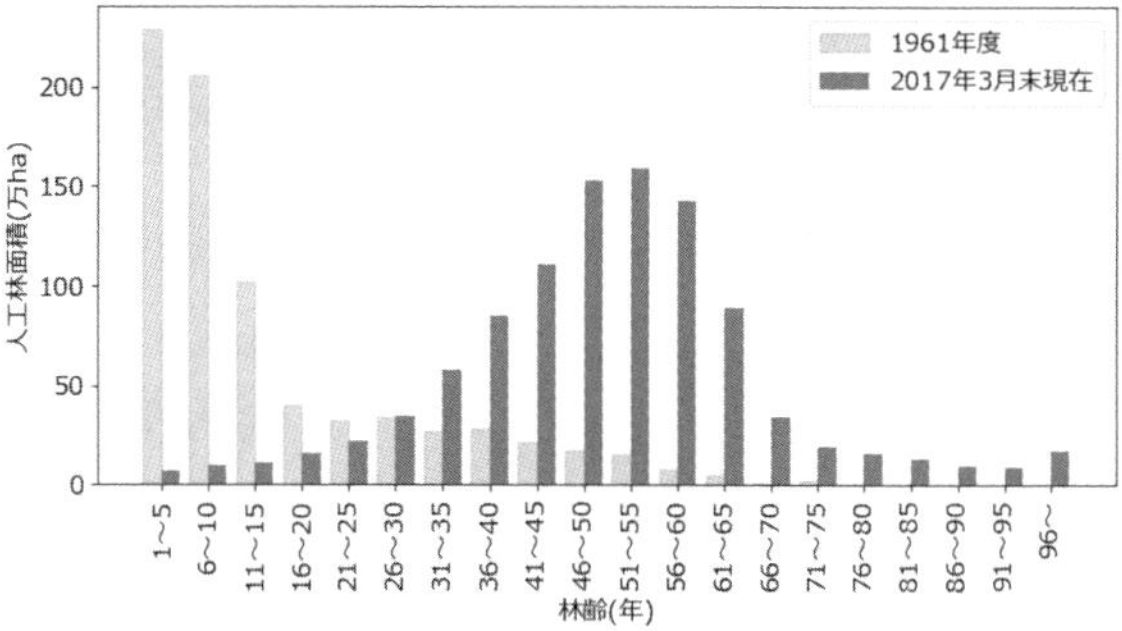

図1-1　人工林の林齢構成

（令和３年度 森林・林業白書のデータから作図）

から60年生にあり、植えてからから50年を超える人工林が全体の半分近くを占めています。このような壮齢の人工林は植えた当初に想定していた伐期に既に到達し、林木は木材として利用するのに十分な大きさに育っています（写真1－1、口絵1）。しかし、木材の価格が昔ほど高くはなく、木を伐って山から出しても収益が上がらない、伐った後の林地に苗木を植栽しても少ない主伐収入では下刈などの保育経費を十分に賄えないといったことから、主伐とそれに続く再造林が進まない状況が続きました。

ここで、人工林を伐って得られる収入に対して、「植えて、育てる」ためのコストが昔に比べていかに高くなったかを、下刈りを例としてみてみましょう。

１９６４年当時の資料を参考に、下刈りに必要な人工数を12人・日／ha、賃金を６１０円／人・日としま

写真1-1　利用期を迎えた50年生付近のスギ人工林と再造林地

す。この場合、植栽後６年間に毎年１回の下刈りを実施するのに必要な金額は約４・４万円／haとなります。この４・４万円／haという経費は、当時のスギの立木価格が９６００円／㎥なので５㎥弱の立木と等価となります。樹高が20ｍ程度のスギ人工林であれば、主伐して収穫したスギ10本分程度で、苗木を植えた後の６年間の下刈り経費を賄えたことになります。

　一方、２０１０年代の状況として、人工数を４人・日／ha、賃金を１万２０００円／人・日、立木価格を３０００円／㎥とすると、６年間の下刈りの経費は約１００㎥の立木と等価となり、本数では２００本分近くにもなってしまいます。これでは、再造林後の下刈り経費を捻出するために人工林を伐っているようなものです。

ある森林組合の方から２０１０年頃に聞いた話ですが、スギの壮齢人工林を伐って、再造林でスギの苗木を植えたところ、山持ちさんに還元できるお金が少なかったためか、「大きなスギが小さなスギに変わっただけだね」と言われたそうです。主伐とそれに続く再造林で収益を上げることが難しい状況のなか、主伐を見合わせる伐期の先延ばし、いわゆる消極的な長伐期が静かに進行して人工林の林齢分布は高齢側へシフトしています。日本全体の人工林の蓄積量も年々増え続け、２０１２年から２０１７年の間には2・7億㎥が増加しました[1]。これは、東京ドーム約２２０個分の容積に相当します。山にある木材の量が増えていくことは資源のストックという点から決して悪いことではありません。しかし、伐って利用して、植えて育てるという人工林のサイクルを経済活動としてみた場合、主伐と再造林が進まないことは、モノが動かず停滞した状態にあるともいえます。

近年では主伐面積に対する人工造林面積の割合は3割から4割程度で推移していることが知られています[2]。日本の人工林面積は約１０００万haで森林面積の約4割を既に占めています。将来にわたり主伐後の再造林を例外なく進める必要性は必ずしも高くはありません。日本の森林・林業施策の基本的な方針等を定める「森林・林業基本計画」[3]においても、将来的に指向する森林の状態として、木材等生産機能の発揮を特に期待する森林の面積を６６０万haとしています。ただし、半世紀以上も前に植えた小さな苗木が、風害、乾燥害、病虫害といったさまざまな被害を受けることなく早く大きく立派に成長し、道からの距離が近い、傾斜がきつくないといった各種作業が効率良く行えるような林地は人工林としての利用に適しています。このような場所で主伐後に再造林が行われないのであれば、資源の造成、国土の有効活用といった点から非常にもったいないことになります。

昨今では、１haのスギ人工林（50年生）の主伐で得られる平均的な収入が96万円であるのに対し、育林に必要な経費は１１４万円／haから２４５万円／ha万円で、このうち約９割が植栽から10年間に必要な状況となっています(4)。このような収支の現状を改善して再造林を後押しし、人工林のサイクルをうまく回していくためには、造林初期のコスト削減が必須であり、解決すべき大きなテーマになりました。２０２１年の新たな「森林・林業基本計画」(3)では、「新技術を取り入れ、伐採から再造林・保育に至る収支のプラス転換を可能とする「新しい林業」の展開」を、これからの施策のポイントのひとつとして取り上げています。

コスト削減には生産性の向上や労力の削減が大きく関係します。今後、日本の人口は長期の減少過程に入ることが知られています。産業構造や人口動態などのデータを集約して可視化するポータルサイトＲＥＳＡＳ（リーサス）(5)のデータ分析支援機能(6)では、市区町村単位での人口推移を簡単に見ることができます。1980年から2045年にかけての地域人口の変化を目にすると、山村に比較的多くの人が住んで林業に従事していた過去とは異なり、限られたマンパワーで効率的に造成し、維持管理できる人工林が強く求められることを実感するのではないでしょうか。この点からも、生産性の向上や労力の削減と表裏一体である育林コストの削減は、将来を見越した重要なテーマであるといえます。

3．論文題名の変遷からみた育林研究

森林・林業に関係する学会は日本にいくつかありますが、そのなかのひとつに九州森林学会があります。前身は日本森林学会九州支部会で、1950年代から毎年の大会で研究発表が行われ、論文集「九州森林研究」（2001年までは「日本森林学会九州支部研究論文集」）が発行されています。データベース化された論文集はインターネットで公開されており、誰でも閲覧することができます[7]。図1－2は、1950年から2022年までに掲載された論文の数を年ごとに積み上げたものです。この73年間で7000を超える論文が掲載されていました。毎

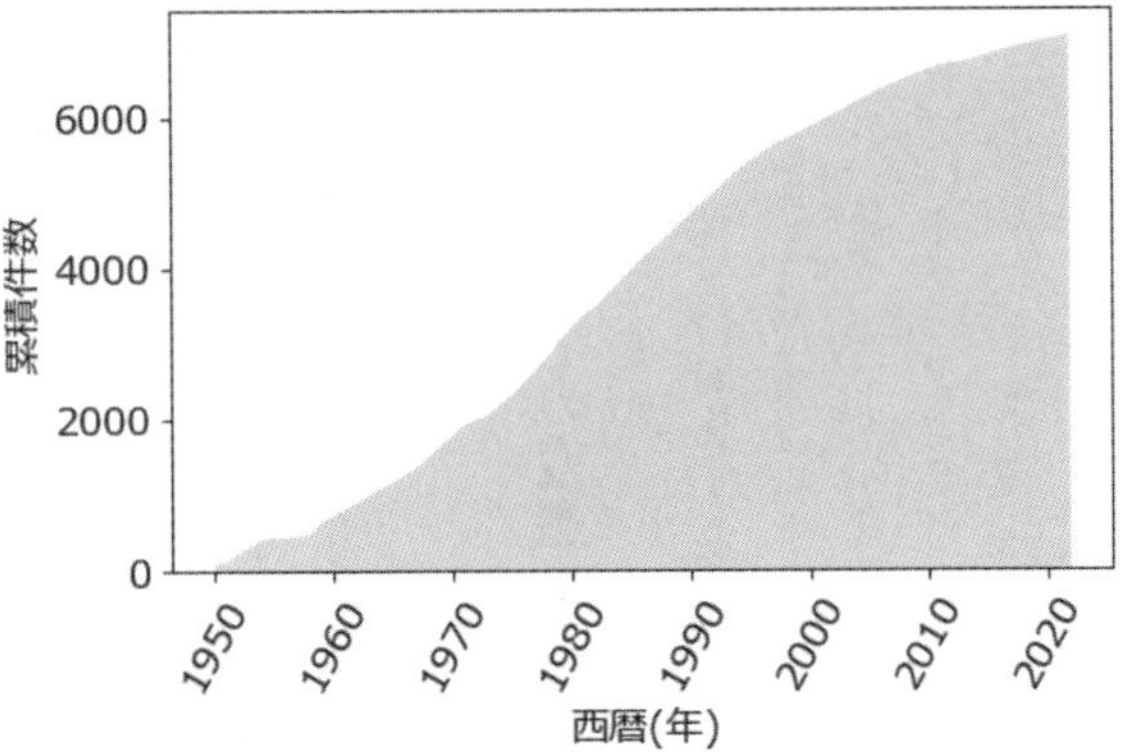

図1-2　日本林学会九州支部研究論文集（1950年～2001年）ならびに九州森林研究（2002年～2022年）に掲載された論文の累積件数

年の掲載件数は、１９９０年代後半以降は減少傾向にありますが、１９６０年代後半から１９９０年代前半までは１００を超えており、大学や県等の試験研究機関だけでなく、当時の営林署といった林業現場も巻き込んで学会活動が活発に行われていた様子が伺われます。

　人工林の「植えて、育てる」に関連して、「苗畑・圃場・苗圃」、「肥料・肥培・施肥」、「除草剤・枯殺」、「下刈・刈払」、「間伐」、「皆伐・主伐」、「再造林」、「コンテナ苗」、「シカ」の９組のキーワードを設定し、これらを題名に含む論文を抽出しました。図１－３は各組のキーワードを含む論文数を年ごとに積み上げたものです。苗木生産に関係する「苗畑・圃場・苗圃」の論文数は１９５０年代から増加が始まり

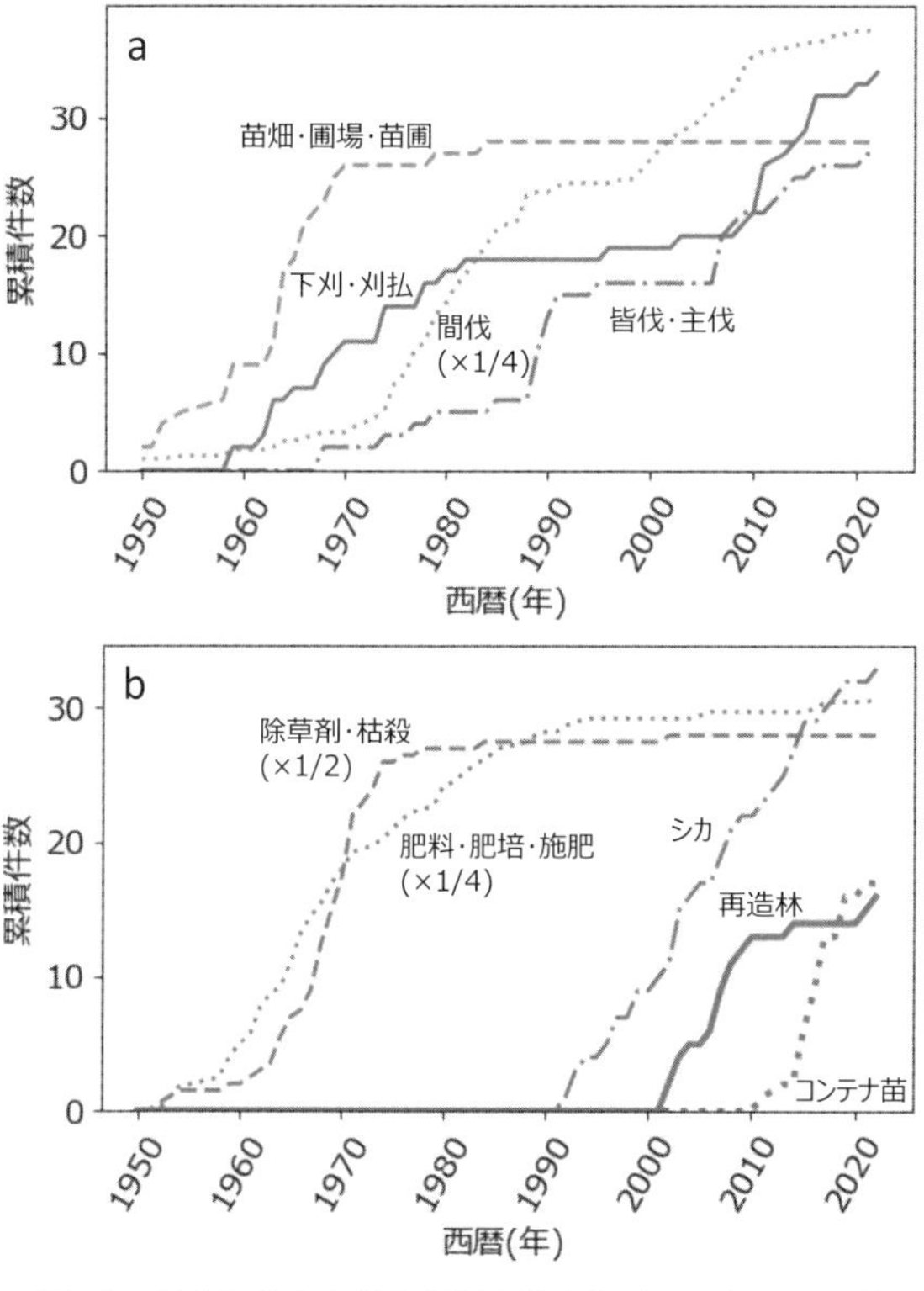

図1-3　日本林学会九州支部研究論文集（1950年～2001年）ならびに九州森林研究（2002年～2022年）で特定の単語を題名に含む論文の累積件数
() がある項目は () 内数値の倍率で件数を表示。

1960年から1970年にかけて急増していました。苗木を山に植えた後に行う「下刈・刈払」は「苗畑・圃場・苗圃」に少し遅れて現れ、1960年から1980年頃にかけて論文数の増加が続きます。このような変化は、1950年から1970年にかけて、埼玉県や奈良県の面積に匹敵するような30万haから40万haにも及ぶ人工造林が毎年全国で進められていた時代と重なります。当時は植えたばかりの若い人工林の面積が非常に多く（図1-1）、下刈りの省略が大きな課題となっていました。このため、薬剤散布で雑草木を枯らす「除草剤・枯殺」や、造林木の成長促進と併せて下刈りの早期終了も期待する「肥料・肥培・施肥」の論文数も同時期に急増しています。

1970年頃を境として、人工造林の面積は大きく減少し、1950年代に苗木を植えた多くの造林地では間伐が必要となる時期に入っていきます。この頃から、植栽や初期保育に関わる「苗畑・圃場・苗圃」、「肥料・肥培・施肥」、「除草剤・枯殺」、「下刈・刈払」の論文数は頭打ちになりはじめ、「間伐」の論文数が増加を始めました。また1990年前後から「皆伐・主伐」の論文数が増加する傾向にありました。

「再造林」は、「再造林放棄地」として2002年に初めて論文題名に現れます。その後、2010年頃にかけて論文数の増加が続きました。この間は、当時九州で増えていた再造林放棄地の実態把握や植生回復が論文のテーマとして取り上げられています。２０１１年には、「コンテナ苗」が「低コスト育林」の語句を伴って題名に登場し、コンテナ苗の育苗、植栽後の活着や成長を扱った論文発表が続きます。１９８０年頃から約30年の間はほとんど変化がなかった「下刈・刈払」は、２０１０年頃を境に再び論文数が増加を始めました。ここでは、かつての拡大造林地、つまりススキが繁茂する原野や常緑広葉樹の萌芽が発達する天然林伐採跡地ではなく、スギやヒノキの人工林主伐後の再造林地で起こる雑草木と造林木の競合に着目した論文等が発表されています。過去に非常に多くの論文が発表された「除草剤・枯殺」と「肥料・肥培・施肥」については、「下刈・刈払」のように論文数が再び増加することはありませんでした。昨今の再造林ではシカによる苗木の食害が大きな問題となっています。ニホンジカの生息数は１９９０年代から急増したことが知られていますが、この時期から「シカ」の論文数は増加を続けています。

以上のように、半世紀以上も前に苗畑で作られた苗木が山に植えられ、人工林の生育段階と時代の流れに沿って育林に関する研究と技術開発が進められてきました。そして、人工林のサイクルが再び植える段階に入ってきたときに、コンテナ苗のように新しく現れたテーマ、下刈りのように再び注目されたテーマ、除草剤のように忘れ去られたままのテーマがありました。

検索キーワード

- 森林資源の循環利用
- 低コスト再造林
- 森林・林業白書
- 森林・林業基本計画と「新しい林業」の展開
- RESAS　人口マップ

この半世紀で蓄積された経験や技術を基に、従来の標準的な人工林の取り扱いと造林補助事業の枠組みが決められてきましたが、これから人工林のサイクルが再び回っていくなかで新しい育林技術が模索され、活用、評価されていくことになります。

引用文献

(1) 林野庁（２０２２）令和３年度森林・林業白書，pp54．（https://www.rinya.maff.go.jp/j/kikaku/hakusyo/r3hakusyo/zenbun.html）

(2) 林野庁（２０２０）再造林の推進，林政審議会（令和２年10月12日）配付資料，（https://www.rinya.maff.go.jp/j/rinsei/singikai/attach/pdf/201012si-18.pdf）

(3) 林野庁（2021）森林・林業基本計画（https://www.rinya.maff.go.jp/j/kikaku/plan/）

(4) 林野庁（2020）令和元年度森林・林業白書，pp125，（https://www.rinya.maff.go.jp/j/kikaku/hakusyo/r1hakusyo/zenbun.html）

(5) 内閣府地方創生推進室ビッグデータチーム，RESAS Portal地域経済分析システムRESASの利活用サイト（https://resas-portal.go.jp/）

(6) 内閣府地方創生推進室ビッグデータチーム，Analysis Supportデータ分析支援機能（https://resas.go.jp/data-analysis-support/#/top/-/-/-/-）

(7) 九州森林学会（https://jfs-q.jp/kfr_index）

第2章

一貫作業システムとコンテナ苗

国立研究開発法人森林研究・整備機構
森林総合研究所　植物生態研究領域

重永 英年

1. はじめに

昨今の主伐・再造林と関連して最も注目されてきたテーマであり、切っても切れない関係にある「一貫作業システム」と「コンテナ苗」については、これまでにも多くの情報が発信されています。最近の例では、(独) 農林漁業信用基金の広報誌「基金ｎｏｗ」の２０２２年1月号に「コンテナ苗の生産と普及の状況について」と題した記事が林野庁から寄稿され、コンテナ苗の特徴や最近の動向が分かりやすく解説されています(1)。また、(一社) 日本森林技術協会の会誌「森林技術」の２０２２年10月号ではコンテナ苗の特集が組まれており、これまでの取り組みや今後の展開が述べられています(2)。本章では、屋上屋を架すことをご容赦いただくこととし、これまでの成果と課題を俯瞰します。なお、森林総合研究所がこの10年で取り組んできた関連研究の成果集を写真２－１にまとめています。インターネットからダウンロードできますので、是非ご活用ください。

2. 一貫作業システム

研究のはじまりと全国への展開

一貫作業システムという言葉は、２０１２年に発行されたパンフレット「森林・林業の再生：再造林コストの削減に向けて―低コスト化のための５つのポイント―」[3]に初めて現れ、「従来の地拵えや植栽の作業方法を抜本的に見直し、車両系伐出機械を活用して伐採・搬出～地拵え～植栽を連携して同時に行う」ものと説明されています。

続いて２０１３年に発行された「低コスト再造林の実用化に向けた研究成果集」（写真２－１①，[4]）では、グラップルローダ等の車両系機械を活用して集材・造材と同時に地拵えを行うこと、材を運搬した帰りのフォワーダで苗木を運ぶこと、コンテナ苗を使用することを特徴とし、従来の人力地拵えと裸苗植栽に比べて労働投入量を大きく減らすことができると紹介されました。この一貫作業システムは人工林の主伐が進んでいた九州地域で最初に取り組まれましたが、その後、他の地域に水平展開されていきます。

冬に雪が深く積もる場所では、秋に伐採を行っても苗の植え付けは翌年の春まで待つことになります。「ここまでやれる再造林の低コスト化 ―東北地域の挑戦―」（写真２－１②，[5]）では、降雪前に伐採と地拵えを済ませて冬を迎え、春の融雪後すぐに苗木を植栽することで、伐採か

③ 2016

④ 2016

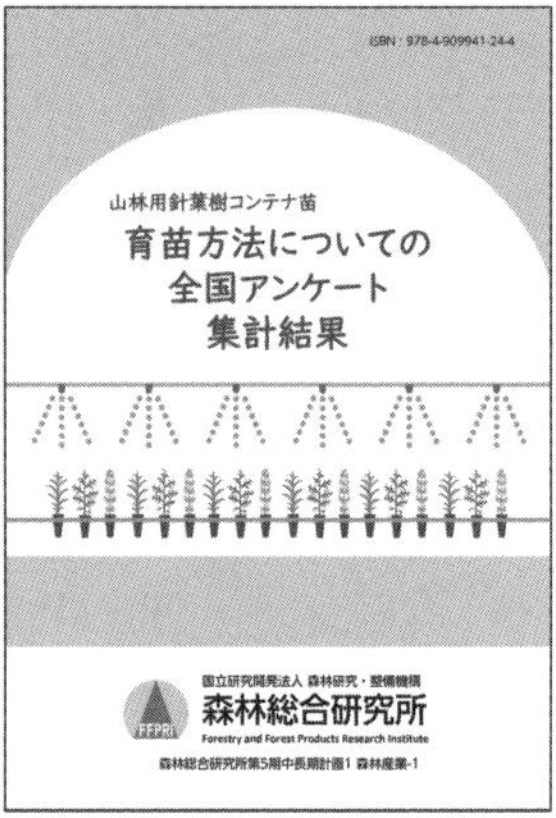

⑦ 2021

⑧ 2021

① 2013

② 2016

⑤ 2019

⑥ 2019

写真2-1　一貫作業システムとコンテナ苗を扱った
プロジェクト研究成果集の例

丸数字に続く数字は発行年

ら植栽までを連続して行う場合と同様の省力化が可能なことが明らかにされました。「緩中傾斜地を対象とした伐採造林一貫システムの手引き」(写真2−1③, (6))では、北海道のような地形が緩やかな地域において、短幹集材方式やクラッシャ地拵えといった林内走行型機械を最大限に活用する作業システムが考案されました。また、「コンテナ苗を活用した主伐・再造林技術の新たな展開」(写真2−1④, (7))では、急傾斜地での架線集材に応用するため、架線によるコンテナ苗の運搬や、運搬した苗の一時的な保管方法が検討されました。

一貫作業システムの実証

一貫作業システムの研究・技術開発は2010年代前半に集中的に進められましたが、ほぼ同時に技術の普及に向けた実証が国有林で始まりました。その実行面積は、2012年度が60ha、2016年度が556ha、2020年度が1168haと短期間で大きく増加しました(8)(9)。林野庁では、2014年度から「低コスト造林技術実証・導入促進事業」をスタートさせ、全国の様々な林業現場での一貫作業システムの実例が調査されました。事業体へのアンケート結果等も加えた事業の成果は、2018年に発行された「低コスト造林技術の導入に向けて」(10)

で公表されています。このなかでは、地拵えに伐出機械を活用する一貫作業システムでは、人力で地拵えを行う従来の作業に比べて、地拵えの生産性向上とコスト削減の効果が多くの現場で確認される一方で、生産性やコスト自体が調査地によって大きく変動する結果が示されています。変動が大きいことは、使用する機械や山の状況がそれぞれの調査地で大きく異なっていたことの裏返しといえます。様々な現場で一貫作業システムの経験を積み重ねていくことが最適な方法の選択につながり、それによって期待される効果はより確実に発揮されるようになっていくと考えられます。

伐採と造林の連携

伐ってすぐに植えるという一貫作業システムの特徴は「密着造林」に通じるものがあります。密着造林とは、森林を伐採して２〜３年以上経ってから地拵えを行うとその間に雑草木が繁茂して地拵えの経費が掛かり増しとなるので、搬出期間を短縮して地拵えと植栽を早めに行うというものです(11)。この言葉は半世紀前から使われていました。伐採から植栽までの放置期間が20カ月程度までは、その期間が長くなるにつれて植栽後１年目の雑草木の高さや雑草木が林

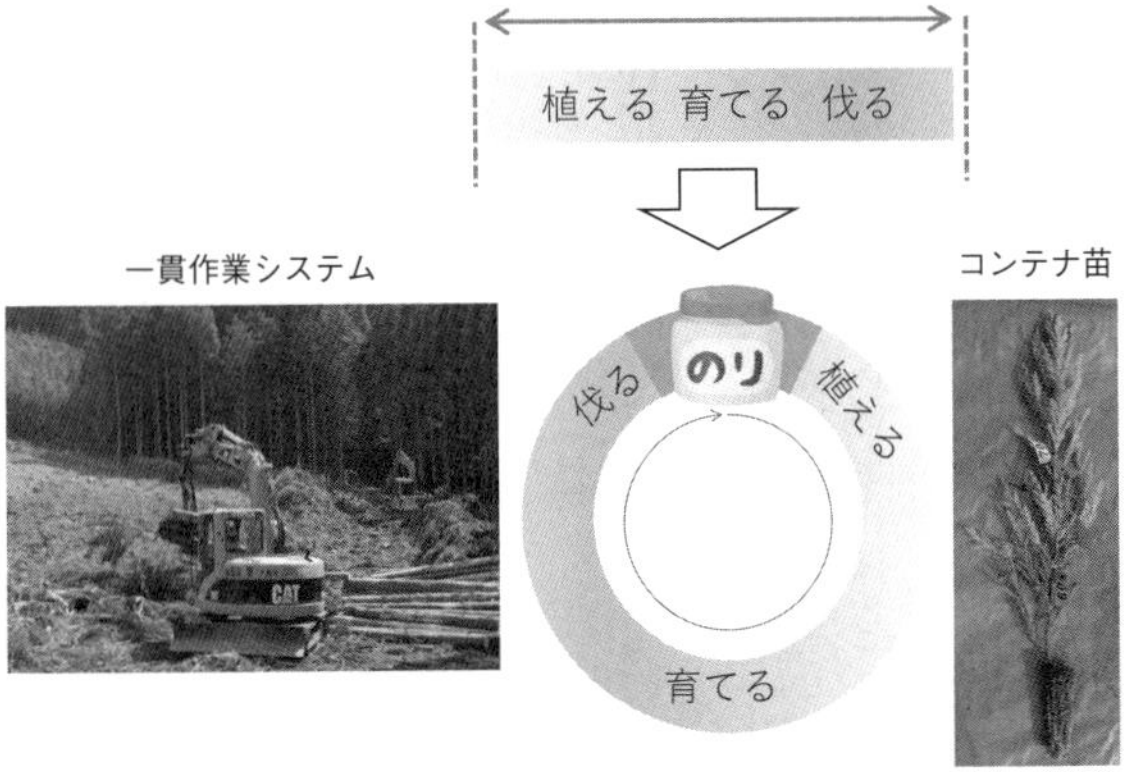

図2-1　人工林施業の帯の端を糊づけて輪にする一貫作業システムとコンテナ苗

地を被覆する割合が高くなり、下刈りの時に苗木が雑草木に隠れて見えにくくなるという九州南部での調査事例が報告されています(12)。主伐から植栽までを一気に進める一貫作業システムは、伐って植える工程だけでなく、植えた後の下刈りの効率化にも関係することになります。

この10年間で研究や実証、国有林への導入が大きく進んだ一貫作業システムですが、人工造林全体での導入割合は1割以下と高くはなく、伐採と造林の作業方法や時期の連携ができていないことが一番の課題とされています(13)。一貫作業システムは人工林施業の両端にある「植える」と「伐る」を貼り合わせて輪を作り、効率良くサイクルを回していく役目を持つことから(図2－1、口絵2)、「伐って、植えて、育てる」

関係者が知識と情報を共有し、全員がメリットを得られるシステムへと発展させていくことが重要だと考えられます。

3. コンテナ苗

生産量の急増と注目された理由

２００９年にコンテナ苗を生産していた都道府県の数はわずか4県で生産量は9万本でした。それが5年後の２０１４年には32都道府県で２５７万本、さらに5年後の２０１９年には44都道府県で１８９７万本となり、２０２０年度は２０００万本を超えました(14)(15)。短期間に全国に広がり、生産量が一気に増えたコンテナ苗ですが、この陰には生産や植栽に関する講習会や現地検討会を各地域で積極的に進めた行政の取り組みがありました。

コンテナ苗が必要とされた一番の理由は、一貫作業システムの導入と関係しています。従来の根がむき出しの裸苗の植栽適期は、冬が終わり春先になって苗木の根や芽が動き出す前の比較的短い時期に限られます。このため、裸苗による造林では苗木の都合を優先して山での植栽時期が決められてきました。一方、「伐って、すぐ植える」一貫作業システムでは伐採に合わせて植栽のスケジュールが決まります。このため、裸苗では植栽に適していない時期に植えなくてはならない状況も出てくることになります。このような場合に、活着や生育不良のリスクが高い裸苗に代わる苗木が必要となり、根鉢を持つコンテナ苗が注目されたわけです。

植栽のメリット

一貫作業システムとの関係は別にしても、植栽時期の制限が少ないコンテナ苗は作業期間の自由度を高め、年間を通した労働力の平準化に役立ちます。また、植え穴を広めに掘り根を偏りなく広げて土を被せるという裸苗での植え付け工程は、コンテナ苗では小さい植え穴を掘って根鉢を差し込むという工程に取って代わるため植栽効率が向上します。一定時間に植え付け可能なコンテナ苗の本数は裸苗のおおむね2倍であることが知られています(4)。植え穴を掘るスペード、ディブル、プランティングチューブといった専用器具についてそれぞれの長所と短所が評価され（写真2－1④，(7)）、動力式の穴掘り機も開発されています(1)。

苗木生産のメリット

植栽の場面で利点の多いコンテナ苗ですが、苗木生産の場面でも注目すべき点があります。１９６０年代には毎年の山行苗木の生産本数は13億本を超えていましたが、その後は造林面積の低下と連動し、２０１０年代には６０００万本程度にまで大きく減少しました(14)。苗木生産者も大きく減った状況で、今後の再造林面積の増加に対応して苗木を安定的に供給していくには、効率的な苗木生産が求められます。天候に左右されないハウス内での作業、短い育苗期間といったコンテナ苗生産の特徴は、この効率化に合致します。コンテナ苗の黎明期であった２０１０年頃のことですが、宮崎県のある苗木生産者の方から「コンテナ苗の育苗は試行錯誤で大変だが、このようなチャレンジは長いこと変化がなかった業界を活気づけるきっかけとなっている」という話を伺いました。それから10年以上が経過して育苗に関する技術も年々進歩しました。林野庁では、標準的な生産方法を分かりやすく解説した「コンテナ苗 生産の手引き」を２０２２年に発行しています(15)。

育苗技術の開発と普及に向けた取り組み

実生コンテナ苗の育苗では、種をまいて別に育てた小さな苗をコンテナ容器に移植する方法や、コンテナの育成孔に多粒の種子を直接播種して発芽後に間引く方法が当初から利用されていました。これに対し、発芽率が高い種子を光学的に選別する研究（写真2－1④，[7]）が進展することで充実種子選別装置が開発され、一粒播種や小型プラグ苗による新たな育苗方法の提案につながりました[16]。さし木コンテナ苗の育苗では、発根したさし穂をコンテナへ移植します。このさし穂は苗畑の土や用土で育成されるのが一般的です。これに対し、「用土を用いない空中さし木法によるスギさし木コンテナ苗生産マニュアル」（写真2－1⑦，[17]）では、さし穂を台に立てて、ミスト散水により空気中で発根させる「エアざし」というまったく新しい方法が紹介されました。

新しい育苗技術を生産現場に落とし込むために、「新しいコンテナ苗生産方法の提案」（写真2－1⑤，[16]）では、播種から出荷に至るまでのスケジュールの例が示され、表計算ソフトのExcelで育苗方法ごとに労務日数や直接経費を評価するツールも公開されています[18]。「育苗中困ったなという時に―コンテナ苗症例集―」（写真2－1⑥，[19]）では、苗生産の現場で注意しなければいけないことや失敗してしまった事例が、「育苗方法についての全国アンケート集計結果」（写真2－1⑧，[20]）では、育苗方法や生産者が抱える課題についてのアンケート調査の結果が取りまとめられました。生産の効率化につながる播種から1年以内にコンテナ苗を出荷する技術開発も進められ、林野庁では当年生苗の活着や成長に関するデータを全国的に収集し、当年生苗の導入に向けた留意事項を整理した「当年生苗の普及に向けて」を発行しています[21]。

裸苗との比較

活着と成長の話が出ましたが、この点でコンテナ苗は裸苗に比べて優れているといえるのでしょうか？　コンテナ苗が出回り始めた頃は、根鉢があるため活着が良く植えた後も良く伸びる、このため下刈り回数も減らせる、といった話をよく耳にしました。その後、コンテナ苗と裸苗を比較した植栽試験のデータが蓄積され、一般的な傾向としては、コンテナ苗は裸苗に比べて活着率や成長が良いとはいえないとされました（写真2－1④，[7]）。しかし、植栽後に雨がほとんど降らなかった8月の植栽では、コンテナ苗は100％生存し、裸苗は100％枯死した事例が報告されています[22]。また、出荷状態にあるコンテナ苗と裸苗を実験的にポットに植え替え、水やりの間隔を変えて活着や樹勢を調べた研究では、土壌の乾燥が厳しい条件ではコンテナ苗は活着に有利であることが実証されました(23)。苗木の生育にとって環境条件が良い場合にはコンテナ苗と裸苗とで明らかな違いはないものの、樹体からの水分消費が激しくなる夏季の植栽や、植栽後に降雨が少なく土壌が乾燥するようなストレス環境下では、活着や樹勢維持といった点でコンテナ苗の優位性が現れてくると考えて良さそうです。

普及の課題

様々な利点があるコンテナ苗ですが、裸苗に比べて苗木価格が高いことが普及を妨げる一因となっています。例えば、九州のある県の標準単価によると、スギ苗木1本の価格は裸苗では85円ですが、コンテナ苗では177円とおよそ2倍となっています。コンテナ苗を使ってみようという利用者の考えを後押しするには、裸苗との価格差を小さくしていくことが重要です。一方、裸苗を選んだ場合に、この時期に確保できる労働力からみて植栽の適期に植え付け作業を完了できそうもない、季節外れの乾燥や高温によって活着不良が生じて補植が必要になるかもしれない、といったようなリスクが予想されるのであれば、リスク回避のためのコストを裸苗の価格に上乗せして、コンテナ苗を選択するという考え方もあります。3章で取り上げる低密度植栽は植栽時と主伐時の本数の差が小さく、林地で意図しない造林木の本数減少を避けることが大事です。このような場合にも、活着不良のリスクが少ないコンテナ苗の利用はメリットとなるでしょう。労働力の減少や地球温暖化といった林業を取り巻く社会環境と自然環境が変化していくなかで、リスク管理の手法のひとつとしてのコンテナ苗の位置づけは大きくなるかもしれません。

かつてのポット造林

さて、根鉢を持つ苗としてはコンテナ苗以前からポット苗がありますが、スギやヒノキで裸苗のオプションとして人工造林に利用されることは現在ではほとんどありません。しかし、「ポット造林」が国有林に積極的に導入された時代が半世紀前にありました。当時の状況は、1976年の会誌「林業技術」に掲載された「技術問題再見 ポット造林の10年」(24)、「ポット育苗とその造林の健全な発展を願って 林業に明るい未来をもたらすもの」(25)の記事で知ることができます。これによると、全国規模の試験調査が1967年から始まり、1965年度はわ

検索キーワード

- 一貫作業システムによる再造林
- 伐採作業と造林作業の連携
- 山行苗木の生産量
- コンテナ苗の生産と普及
- コンテナ苗の活着と成長

ずか3haであったポット造林の面積は、1973年度は2751haと短期間に急増しました。ポット造林の利点としては、育苗面では山出し期間の拡大による労務雇用の平準化、造林面では植付適期の拡大、活着が良く補植が不要、熟練を要しない植付作業等が、欠点としては、苗木代が6割増しになること、植栽地での小運搬に労力がかかること等があげられています。そして前者の記事では、裸苗に劣らない造林コストとすることの重要性を指摘した上で、「造林事業におけるポット造林の導入の意義をこのあたりで厳正にみつめ、派生的、補完的な利点を目的としたいわゆるポット造林のためのポット造林に落ち入ることを厳につつしむ必要があるのではないかと考える次第である」との文章で締め括っています。半世紀前の「ポット苗」を「コンテナ苗」に置き換えてみると、多くの共通点があることに改めて気づかされた次第です。

引用文献

(1) 林野庁森林整備部整備課造林間伐対策室（２０２２）コンテナ苗の生産と普及の状況について，基金ｎｏｗ，８：22－27（https://www.jaffic.go.jp/whats_kikin/kouhou/kikin_now_2022_01.files/kikin_now_2022_01_11.pdf）

(2) 中村松三（２０２２）コンテナ苗のさらなる活用に向けて，森林技術，９６６：２－６．

(3) 森林総合研究所九州支所（２０１２）森林・林業の再生：再造林コストの削減に向けて—低コスト化のための５つのポイント—，６pp.（https://www.ffpri.affrc.go.jp/kys/research/kankou/series/documents/24saizorin.pdf）

(4) 森林総合研究所九州支所（２０１３）低コスト再造林の実用化に向けた研究成果集，45pp.（https://www.ffpri.affrc.go.jp/kys/research/kankou/series/documents/2503saizourin.pdf）

(5) 森林総合研究所東北支所（２０１６）東北地方の多雪環境に適した低コスト再造林システムの実用化に向けた研究成果集「ここまでやれる再造林の低コスト化—東北地域の挑戦—」，27pp.（https://www.ffpri.affrc.go.jp/thk/research/research_results/documents/3rd-chukiseika33_1.pdf）

(6) 森林総合研究所北海道支所（２０１６）緩中傾斜地を対象とした伐採造林一貫システムの手引き，17pp.（https://www.ffpri.affrc.go.jp/pubs/chukiseika/documents/3rd-chukiseika35.pdf）

(7)森林総合研究所（２０１６）コンテナ苗を活用した主伐・再造林技術の新たな展開～実証研究の現場から～，29pp.（https://www.ffpri.affrc.go.jp/pubs/chukiseika/documents/3rd-chuukiseika37.pdf）
(8)林野庁（２０２０）令和元年度 森林・林業白書，第１部 第４章 第２節 国有林野事業の具体的取組(2)（https://www.rinya.maff.go.jp/j/kikaku/hakusyo/r1hakusyo_h/all/chap4_2_2.html）
(9)林野庁（２０２２）令和３年度 森林・林業白書，第１部 第４章 第２節 国有林野事業の具体的取組(2)（https://www.rinya.maff.go.jp/j/kikaku/hakusyo/r3hakusyo_h/all/chap4_2_2.html）
(10)林野庁（２０１８）平成29年度低コスト造林技術実証・導入促進事業 低コスト造林技術の導入に向けて，81pp.（https://www.rinya.maff.go.jp/j/kanbatu/houkokusho/attach/pdf/syokusai-5.pdf）
(11)谷本丈夫（２００６）明治期から平成までの造林技術の変遷とその時代背景：特に戦後の拡大造林技術の展開とその功罪，森林立地，48(1)：57－62.（https://www.jstage.jst.go.jp/article/jjfe/48/1/48_KJ00005292036/_pdf/-char/ja）
(12)伊地知秀太・竹内郁雄（２０１１）九州南部地域における地拵えの実態，九州森林研究 64：36－38.（https://jfs-q.jp/kfr/64/bin110805145224009.pdf）
(13)林野庁（２０２０）再造林の推進，林政審議会（令和２年10月12日）配付資料，（https://www.rinya.maff.go.jp/j/rinsei/singikai/attach/pdf/201012si-18.pdf）

(14) 林野庁（２０１９）平成30年度 森林・林業白書，第1部 第2章 第2節 森林整備の動向(2)（https://www.rinya.maff.go.jp/j/kikaku/hakusyo/30hakusyo_h/all/chap2_2_2.html）
(15) 林野庁（２０２２）コンテナ苗 生産の手引き，78pp.（https://www.rinya.maff.go.jp/j/kanbatu/houkokusho/attach/pdf/syubyou-8.pdf）
(16) 森林総合研究所（２０１９）新しいコンテナ苗生産方法の提案，34pp.（http://www.ffpri.affrc.go.jp/pubs/chukiseika/documents/4th-chuukiseika20.pdf）
(17) 林木育種センター九州育種場（２０２１）用土を用いない空中さし木法によるスギさし木コンテナ苗生産マニュアル Ver.1.1，12pp.（https://www.ffpri.affrc.go.jp/pubs/chukiseika/documents/4th-chuukiseika38.pdf）
(18) 森林総合研究所，コンテナ苗生産・工程管理表（https://www.ffpri.affrc.go.jp/labs/conwed/pro_achie1_1.html）
(19) 森林総合研究所（２０１９）育苗中困ったなという時に —コンテナ苗症例集—，33pp.（https://www.ffpri.affrc.go.jp/pubs/chukiseika/documents/4th-chuukiseika21.pdf）
(20) 森林総合研究所（２０２１）山林用針葉樹コンテナ苗 育苗方法についての全国アンケート集計結果，18pp.（http://www.ffpri.affrc.go.jp/pubs/chukiseika/documents/5th-chuukiseika1.pdf）
(21) 林野庁（２０２３）当年生苗の普及に向けて—当年生苗導入調査委託事業 成果の概要—，9pp.（https://

www.rinya.maff.go.jp/j/kokuyu_rinya/attach/pdf/seibi-36.pdf）
(22)寺本聖一郎・宮島淳二（２０１９）スギコンテナ苗時期別植栽1年目の活着状況と成長，九州森林研究，72：75－78．（https://jfs-q.jp/kfr/72/p075-078.pdf）
(23)伊藤哲ほか（２０１９）異なる潅水条件下で夏季植栽したスギ挿し木コンテナ苗および裸苗の活着とその要因，日林誌，１０１：12－１２７．（https://www.jstage.jst.go.jp/article/jjfs/101/3/101_122/_pdf）
(24)林野庁業務課（１９７６）技術問題再見 ポット造林の10年，林業技術，４０８：７－８．（https://www.jafta-library.com/pdf/mri408.pdf）
(25)山内健雄（１９７６）ポット育苗とその造林の健全な発展を願って 林業に明るい未来をもたらすもの，林業技術 ４１７：20－24．（https://www.jafta-library.com/pdf/mri417.pdf）

第3章

低密度植栽

国立研究開発法人森林研究・整備機構
森林総合研究所　植物生態研究領域

重永 英年

1. はじめに

育林コスト削減の方法のひとつとして取り上げられる低密度植栽では、一定面積あたりの林地に植栽する苗木の本数を少なくすることで、苗木購入や植え付けに必要な経費を抑制することができます。また、植栽時と主伐時の本数の差が少ないほど、途中で間引く造林木の本数は少なくなります。収穫本数が従来と変わらない場合には、低密度植栽によって間伐の回数や本数を減らすことができるため、保育に要する労力やコストの削減にもつながります。「低密度植栽で低コストで効率的な再造林を目指す！」(1)のなかでは、低密度植栽を1000本～1500本／ha程度としています。

スギやヒノキの人工林の植栽密度は、しばらくの間は3000本／haが標準とされてきました。現在では2000～2500本／haで植えられることが多く、それ以下での植栽も行われるようになりました。植栽密度は時代や目的に応じて変化してきた過去を持ち、昨今の低下傾向もそのような歴史の一部ともいえます。本章ではまず、植栽密度がどのように変化してきたかを振り返ります。次に、植栽密度と造林初期の育林コスト、成長や材質との関係を紹介し、低密度植栽を進める上で留意すべき点を考えてみます。

2. 植栽密度の変遷

国有林における植栽密度

１９６０年の会誌「林業技術」に掲載された「植栽本数論」(2)によれば、明治時代初期の国有林におけるスギの植栽密度は、奈良県の吉野などの民間優良林業地にならって７０００～９０００本／haと密植で、多いものは1万５０００本／haにも及んでいたとのことです。その後、明治30年代からの拡大造林期では苗木生産量が需要に追いつかず４５００～４７００本／haに減少し、大正時代の初期には赤枯れ病による苗木不足と第一次世界大戦による物価高のため３０００～３６００本／haとさらに低下し、昭和に入って３０００本／haとなり最少では１２００本／haの場合もあったとのことです。

民間林業地における密植と疎植

吉野の名前が出ましたが、古くからの民間林業地のなかには密植や疎植を特徴とする地域が

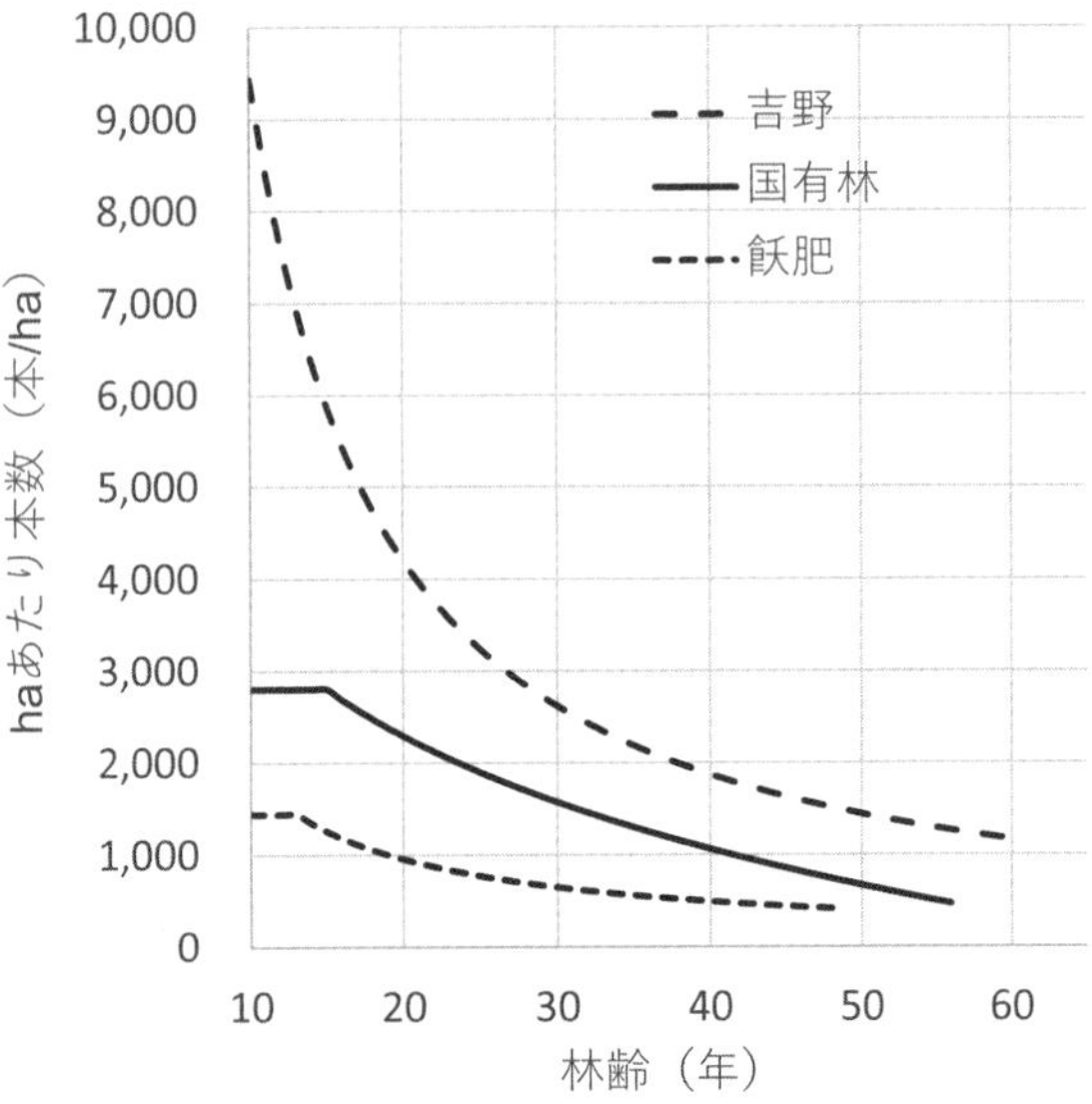

図3-1　密植を特徴とした吉野地域、疎植を特徴とした飫肥地域のスギ人工林の林齢と本数密度との関係

安東ほか (3) を参考に作図。

ありました。吉野地域では１００００～２００００本／haでスギを密植し、弱い間伐を何度も繰り返しながら本数を低下させ、無節・通直な大径材を育てる施業が行われていました（図３－１）。宮崎県の飫肥地域では１０００～１５００本／ha程度でスギを疎植し、少ない間伐で年輪幅の広い大径材を育てる施業が行われていました（図３－１、写真３－１、口絵３）。このような植栽密度の高低と結びついた人工林の仕立て方は、吉野では樽の材料となる樽丸生産、飫肥では船材である弁甲材生産の目的に合うものでした。焼き畑跡地に植えた苗木の間で農作物を一定期間栽培する間作では、農作物の生育を邪魔しないように苗木の植え付け間隔を広くする必要がありました。大分県の日田地域ではスギを５００～１０００本／haで植えて間作を行い、下刈りや間伐をほとんど行わずに収穫する施業が行われていたことが知られています。

写真3-1　宮崎県飫肥地域の疎植スギ人工林

2011 年撮影。梢殺（うらごけ）の樹幹や枝の痕が特徴的。当時残っている疎植林は非常に希であった。

60年前の民有林の植栽密度

1962年の会誌「林業技術」に掲載された「民有林における植栽本数の現状」(4)には、スギ、ヒノキ、カラマツ、マツ類について、都道府県別の植栽密度の「最小」、「一般」、「最多」の数値が表にまとめられています。この表を基に、スギ、ヒノキの植栽密度の頻度分布を作図したものが図3－2となります。両樹種とも「一般」は3000～3500本／haに山があり、この付近が当時の植栽密度の主流であったことが伺われます。スギの「最小」が1000本／haと最も小さいのは大分県と宮崎県で、疎植の例として挙げた日田地域と飫肥地域はここに含まれます。「最多」が大きい県は、吉野地域がある奈良県、短伐期と吉野に似た密植を特徴とした久万林業がある愛媛県となっていました。ヒノキについては、「最小」が小さいのは2000～2200本／haの四国3県で、植栽密度の下限がスギに比べると高いようでした。14道県のカラマツについては、「最小」は2000～3000本／ha、「一般」は2500～4000本／ha、「最多」は2500～6000本／haの範囲にあり、スギのような極端な密植や疎植は行われていませんでした。

スギやヒノキの人工林の植栽密度は3000本／haが標準と教えられてきましたが、今から

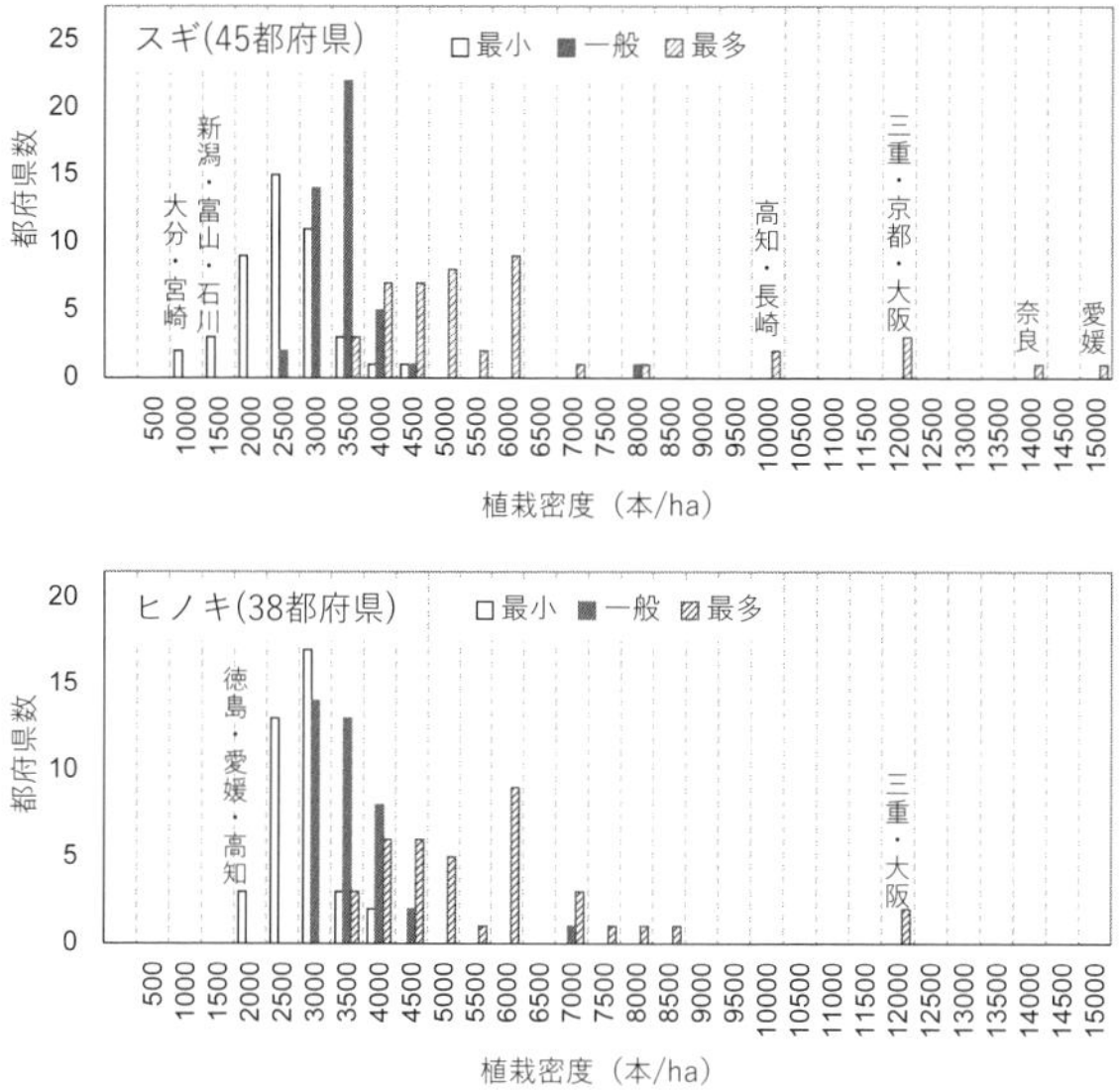

図3-2　1960年頃のスギ、ヒノキの植栽密度

都府県別の最小、一般、最多の植栽本数(4)を基に、横軸の数値±250本/haの範囲で括約して頻度分布として表示。

60年前には疎植や密植を特徴とする多様な育林方法が、地域によってはまだ残っていたようです。また、1000本／ha～2000本／haでのスギの植栽は、一般的ではないにしても過去に行われた人工林施業の範囲内にありました。

3000本／ha植栽の根拠

1982年の月刊「現代林業」に掲載された「植付本数はどうして決められた？」(5)には、標準が3000本／haとなった経緯について興味深い見解が示されています。国有林では明治時代中期までの植栽密度は7000〜9000本／haであったことを先に述べましたが、1910（明治43）年の災害後にスギの造林を実行しようとした際、準備できる苗木の数では造林予定面積の1／3程度しか賄うことができないため、帳尻が合うように植栽密度を3000本／haに減らしたとのことです。また、民有林でも災害後の復旧造林が奨励されましたが、必要な補助金額と予算額とが釣り合うように3000本／haにしたとのことです。

3．植栽密度と造林初期のコスト、生育特性

植栽コスト

林野庁では、2015年度から2019年度にかけての「低密度植栽技術の導入に向けた調査委託事業」のなかで、既往文献による情報整理とともに、植栽密度を2500本／ha、1600本／ha、1100本／haとしたスギ、ヒノキ、カラマツの試験地を全国に設定し

て、コストの比較や苗木の初期成長の調査を進めました。その結果を基に、「スギ・ヒノキ・カラマツにおける低密度植栽のための技術指針」を２０２２年に公表しています[6]。スギ、ヒノキについて、地拵え、苗木購入、植栽に必要なコストを３０００本／haと比較した場合、２５００本／haでは９％程度、１６００本／haでは24％程度、１１００本／haでは35％程度のコスト削減が可能であることを明らかにしています。カラマツでは２５００本／haと比較した場合、１６００本／haでは20％程度、１１００本／haでは30％程度のコスト削減が可能でした。

初期保育

植栽した苗木が成長して枝葉の量が多くなってくると、造林木の樹冠は地表に届く日光を遮るようになります。地表付近の明るさの減少は、下刈りやツル切りで地上部を刈られた雑草木やツル類の再生を抑制する方向に働きます。続いて造林木の樹冠が互いに接触して林冠が閉鎖すると地表面は一様に暗くなり、明るい場所を好む雑草木やツル類は消失してしまいます。このような幼齢造林地の地表付近で起こる光環境の変化は、苗木の植栽密度によって影響を受けます。低密度植栽では隣り合う個体までの距離が長く、造林木の樹冠が互いに接触するようになるまでの年数が長くなります[7]。造林木の間の空間では明るいままの場所が残り、雑草木やツル類の生育が衰えず、下刈りやツル切りの回数が増えてしまう可能性があります。ただし、このような幼齢造林地での光環境の変化は、植栽密度だけでなく造林木の成長の良し悪しや枝張りの違いによっても影響されます。また、実際に下刈りやツル切りの回数を増やす必要があるかは、造林地に現れる雑草木やツルの種類によっても変わってきます。低密度植栽によって、除伐も含めた初期保育のコストが掛かり増しになるかどうかはケースバイケースといえそうですが、下刈りやツル切りを短い年数で終了するためには、林冠が早く閉鎖する高密度での植栽が適していることに留意する必要があります。

前出の林野庁事業[1][6]では、下刈りの要否に関係する造林木と雑草木との競合状態の調査も行われており、植栽後5年目の時点では植栽密度による違いがなかったことが報告されています。また、造林木の初期成長や誤伐の発生率についても、植栽密度による違いはみられませんでした。

成長と林分材積

造林木の樹冠が互いに接触するようになると、造林木同士で光を巡る競争が始まります。隣り合う個体との距離が長い低密度植栽では、この競争が始まる時期が遅くなります。また、間伐の有無や強度にもよりますが、低密度植栽では１本１本の造林木は広い空間を占有でき、光合成を行う葉を多く保持できます。このため、高密度植栽に比べて旺盛な直径成長が続く期間が長くなり、年輪幅は広く、単木の材積は大きくなります。この単木の材積を林地の造林木の本数分足し合わせたものが林分材積となります。

植栽密度と林分材積との関係を実証的に調べた例としては、「ミステリーサークルが森林に出現⁉」として数年前にメディアに取り上げられたオビスギ密度試験地が有名です。宮崎県日南市の国有林で１９７４年にスギが植えられたこの試験地では、複数の同心円の円周と中心から一定間隔の角度で伸ばした放射線との交点に苗木を植栽することで、中心に近い円周では１万本／haの高密度植栽が、中心から遠い円周では５００本／ha以下の低密度植栽の状況が作り出されています。インターネットで「飫肥杉ミステリーサークル」と検索すれば多くのサイトがヒットして、画像や地図アプリで上空からの様子を見ることができます。

この「飫肥杉ミステリーサークル」での長年にわたる調査結果は「オビスギ密度試験地40年の成果」[(8)]で紹介されています。無間伐で41年経過した時点の胸高直径は、植栽密度が１万本

／haとなる内側の円周で14・1㎝、同380本／haとなる外側の円周で39・3㎝と植栽密度の低下に応じて単木は太くなっていました。一方、1ha当たりの材積は、植栽密度が4800本／haから1600本／haの範囲では800㎥程度でしたが、それ以下の植栽密度では低下し、同380本／haでは387㎥と最も少なくなっていました。この結果のように、植栽密度を低下させると1本1本の造林木は太くなっても、ある植栽密度以下では林分全体の材積が少なくなってしまいます。一般に、樹高成長は植栽密度の影響を受けにくいとされていますが、本試験地では低密度植栽で樹高が高くなるという興味深い結果も得られています。

植栽から主伐までのトータルの収益については、スギ人工林の植栽密度を3000本／haから1000本／haの範囲で段階的に設定し、それぞれの場合について間伐と主伐の収益の和を最大とする伐採シナリオをモデルで決め、植栽や初期保育のコストも合わせてキャッシュフローを求め、その収支を現在価値に換算して比較した研究があります(9)。この研究の試算例では、植栽密度の低下に伴い現在価値が上昇する結果が得られ、低密度植栽により人工林の収益は増加する可能性が指摘されています。

樹形と材質

低密度植栽では年輪幅が広くなることを述べましたが、隣り合う造林木と枝葉の接触が起こりにくいため下枝の枯れ上がりが進まず、幹の形は完満でなく梢殺《うらごけ》になり、太くて落ちにくい枯れ枝により死節が多くなる傾向があるといわれています。また、植栽密度が低い造林地では、二又、曲がり、斜立の個体割合が高くなることも報告されています[10][11]。このようなことから、年輪幅が狭くて揃い、通直、完満といった優良材の生産を目指すには、苗木を高密度で植えて適切な手入れを行う施業が適しています。一方、低密度植栽では、低い位置まで生きている下枝が残るため樹高に対する樹冠の長さの割合（樹冠長率）が高くなります。また、幹の太りが良いため胸高直径に対する樹高の割合（形状比）が低くなります。このような樹形は強風に強く、台風の常襲地であった飫肥地域でスギが疎植とされた理由のひとつともいわれています。

材質については、１５００本／haから５０００本／haの範囲では、植栽密度の影響はわずかにあるが品種の影響が大きいという九州さし木スギの事例[12]や、植栽密度が１０００本／haまたは１７００本／haで除間伐が行われなかったスギを、植栽密度が２０００本／haまたは３０００本／haと比較した結果から、材の強度は低密度植栽でやや弱いものの建築材としての利用は十分可能であるとした報告[13]があります。

4. 低密度植栽の留意点

前出の「植付本数はどうして決められた?」(5)によれば、苗木代や労賃が高く間伐材が売れない時代には疎植となり、その反対の時代に密植となる傾向があるとのことです。間伐収入が期待できず、主伐収入を育林コストが大きく上回るような今の時代にあって、また、人口が減少し林業の担い手が少なくなっていくなかで、植栽に関わる経費や労力を確実に削減でき、将来の間伐を減らすことにもつながる低密度植栽の流れは起こるべくして起こったものといえます。

植栽密度を低下させると初期保育の経費が掛かり増しになる可能性があること、植栽密度を大きく低下させると将来の収穫量の減少につながること、もともと低密度植栽は良質材の生産に向く施業ではないことを先に述べました。苗木を植えてから収穫するまでの長い年月の間には、気象害や病虫獣害を受けることもあります。育林の途中で発生する枯死木や不良木を除きながら人工林を仕立てることを考えると、植栽時と主伐時の本数の差が少ない低密度植栽は、高密度植栽に比べて余裕がない施業ともいえます。各種被害の可能性が予見されるような場所では植栽密度をあまり下げないといったリスク管理が必要になるかもしれません。カーボンニ

検索キーワード

- 低密度植栽と再造林
- 人工林の疎植と密植
- 飫肥杉ミステリーサークル
- 林分密度試験

ユートラルを目指して、未利用間伐材等のエネルギー利用も進められていますが、現在利用されている人工林は、植栽密度が１０００本／ha～２０００本／haではなく、ある程度の間伐の回数と量を想定した３０００本／haが標準とされた時代に造成されたことも理解しておくべきです。

植栽時のコスト削減効果のみに注目するのではなく、植えて、育てて、伐るという、これから半世紀以上も続く人工林施業全体と、林業を取り巻く様々な情勢の変化を見据えて植栽密度を決めること。これはとても難しく簡単には答えが出ない問題かもしれません。かつての日本では、材の生産目的や地域の特色に応じて多様な人工林施業が行われていました。多様性はレジリエンス（困難な状況に対応できるしなやかさ、回復力）を高めるといわれています。昨今みられる植栽密度低下の流れは、これから造成する人工林の画一化をもたらすものではなく、人工林施業の多様性を高める方法のひとつとして位置づけることが重要ではないでしょうか。

引用文献

(1) 林野庁（2022）低密度植栽で低コストで効率的な再造林を目指す！（改訂版），10pp.（https://www.rinya.maff.go.jp/j/kanbatu/houkokusho/attach/pdf/syokusai-8.pdf）
(2) 倉田益二郎（1960）植栽本数論，林業技術，218：1－5.（https://www.jafta-library.com/pdf/mri218.pdf）
(3) 安東貴ほか（1968）スギ林の保育形式に関する研究，林試研報，209：1－76.（http://www.ffpri.affrc.go.jp/pubs/bulletin/201/documents/209-1.pdf）
(4) 安東貴（1962）民有林における植栽本数の現状，林業技術，240：13－15.（https://www.jafta-library.com/pdf/mri240.pdf）
(5) 倉田益二郎（1982）植付本数はどうして決められた？ 現代林業，188：66－69.
(6) 林野庁（2022）スギ・ヒノキ・カラマツにおける低密度植栽のための技術指針（令和3年度改訂版），28

pp.（https://www.rinya.maff.go.jp/j/kanbatu/houkokusho/attach/pdf/syokusai-3.pdf）
(7) 森林総合研究所（２０２３）エリートツリーを活かす育苗と育林、施業モデル，31pp.（https://www.ffpri.affrc.go.jp/pubs/chukiseika/documents/5th-chuukiseika15.pdf）
(8) 下山晴平・石神智生（２０１７）オビスギ密度試験地40年の成果，フォレストコンサル，１４７：49－63.（http://www.forest-pro.jp/2017-10-12-fore-obisugi-sikenti.pdf）
(9) 太田徹志ほか（２０１３）伐採収益と植栽経費の観点からみた低密度植栽の有効性，日林誌，95：１２６－１３３.（https://www.jstage.jst.go.jp/article/jjfs/95/2/95_126/_pdf/-char/ja）
(10) 福地晋輔ほか（２０１１）低コスト林業に向けた植栽密度の検討 ―オビスギ植栽密度試験地の結果から―，日林誌，93：３０３－３０８.（https://www.jstage.jst.go.jp/article/jjfs/93/6/93_6_303/_pdf/-char/ja）
(11) 森林総合研究所東北支所（２０１６）東北地方の多雪環境に適した低コスト再造林システムの実用化に向けた研究成果集「ここまでやれる再造林の低コスト化―東北地域の挑戦―」，27pp.（https://www.ffpri.affrc.go.jp/thk/research/research_results/documents/3rd-chuukiseika33_1.pdf）
(12) 津島俊治ほか（２００６）スギさし木品種の成長と木材性質へ及ぼす植栽密度の影響，木材学会誌，52：１９６－２０５.（https://www.jstage.jst.go.jp/article/jwrs/52/4/52_4_196/_pdf）
(13) 森林総合研究所（２０１９）低コスト再造林に役立つ〝下刈り省略手法〟アラカルト，37pp.（https://www.

ffpri.affrc.go.jp/pubs/chukiseika/documents/4th-chuukiseika22.pdf)

第４章

下刈り省略

国立研究開発法人森林研究・整備機構
森林総合研究所　植物生態研究領域

重永 英年

1．はじめに

造林地で行われる下刈りは、植栽した苗木の生育を邪魔する雑草木を刈り払う作業です（写真4－1）。現在50～60年生となる人工林が造成された半世紀前は、下刈りが必要な若い造林地が多く（図1－1）、その省力化は当時の大きな課題でした。このため、刈り払い作業に取って代わる薬剤散布やマルチング、雑草木との競争に有利となる大苗植栽といった様々な方法が林業現場で試されていました[1]。しかし、刈り払いと同等の効果が得られ、労力とコストを削減できる汎用的な方法を見つけられないまま造林面積自体が縮小していく時代に入り、下刈り省略への関心も薄くなったようです（図1－3）。人工林のサイクルが一巡し、主伐・再造林が進められる中で、育林経費全体に占める割合が非常に大きい下刈りの省略は、再び大きく注目されることになります。本章では、昔の資料から半世紀前の下刈りの実態を振り返った後で、下刈り省略に関する最近のトピックと、下刈りスケジュールや現地での要否判定に関する研究成果を紹介します。

下刈り省略についての研究成果が盛り込まれた「低コスト再造林に役立つ〝下刈り省略手法〟アラカルト」（写真4－2①，[6]）、「エリートツリーを活かす育苗と育林、施業モデル」（写真4

写真4-1　再造林地での下刈りの様子
右は高下刈り

① 2019　② 2023

写真4-2　下刈り省略を扱ったプロジェクト研究の成果集
丸数字に続く数字は発行年

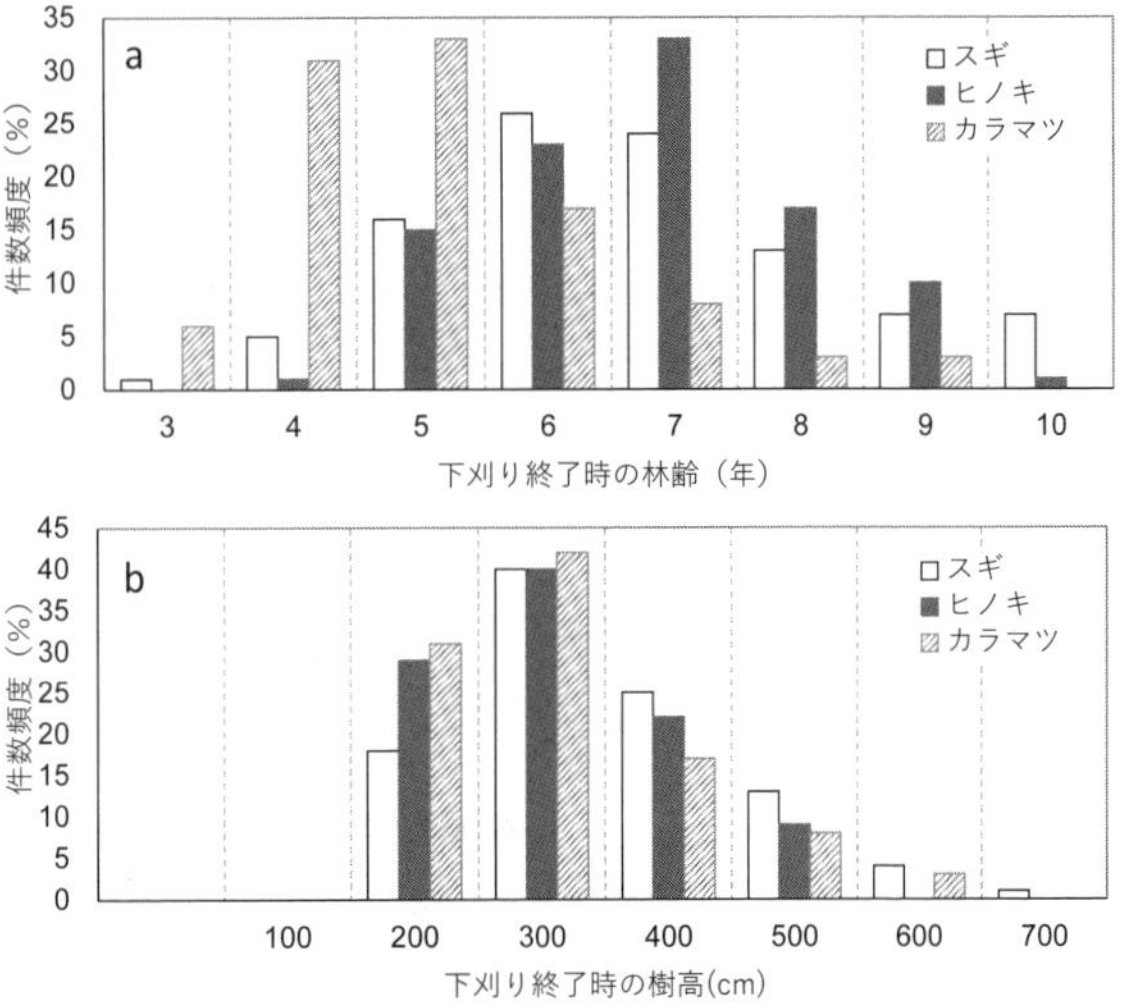

図4-1　1960年代の下刈り終了時の林齢（a）と造林木の樹高（b）

植田(2)を基に作図

－2②、(17)は、森林総合研究所のホームページからダウンロードできますので是非ご覧ください。

2. 半世紀前の下刈りの実施状況

1969年の会誌「林業技術」に掲載された「下刈りに関する実態調査」(2)では、関東・中部地域のスギ、ヒノキ、カラマツ、アカマツについて、計481カ所の民有林造林地での下刈りの実施状況が報告されています。これによれば、下刈り終了時の平均林齢はスギでは６・５年、ヒノキでは６・８年、カラマツでは５・１年となっています。植栽後５～６年間は毎年１回実施されている現在の下刈りと比較すると、当時の終了時期はほぼ同等かわずかに長めであったようです。また、下刈りを終了した時点の造林木の樹高は、３樹種ともに２５０㎝から３５０㎝の範囲に入る林地の頻度が高くなっています（図４－１）。特徴的なのは、年数で８～10年間、樹高で５ｍ以上と、下刈りを長い期間続けている場所があることです。１９６１年と１９６２年に発行された「技術的に見た有名林業」[3][4]のなかでは、西川林業の紹介で「植栽当時は年１回、翌年より６～７年生までは年２回、その後は10年生位までは年１回計15回くらい行うのが標準であって、さらに丁寧な人は植栽後２～３年間は年３回下刈りをする」、久万林業の紹介で「年２回５年生ごろまで丁寧に行い、その後２カ年位は１回」といった記述があります。刈り払い機の普及は１９６０年前後から急速に進んだことが知られており、当時は下刈り鎌での作業が多かったとしても、そこまで何回もする必要が本当にあったのだろうか？ と首をかしげるような下刈も行われていたようです。尾鷲林業の紹介では「植栽後10年くらいまでは普通に行われ、林地をきれいにすることが山林家の誇りであった風習が残り、これをおろそかにするのは支配人あるいは下刈り人夫のプライドが許さないといった気風がみえて、相当丁寧で回数も多い」とあります。日本人のきれい好きの性格が、造林木の生育を邪魔する雑草木を刈り払うという本来の目的を超えた潔癖な下刈りにつながっていた面もあったようです。

２０１０年頃のことですが、調査のために下刈りを省略した造林地を探していたところ、シカによる造林木の食害を軽減するため、山持ちさんがあえて何回か下刈りをしなかったスギの若い林がありました。スギは問題なく大きくなっていたのですが、下刈りを省略した年は雑草木が繁茂していたせいで、山持ちさんいわく「周りからは、山の手入れをサボっているとみられていた」とのことです。潔癖さは日本人の美徳とされていますが、下刈りに関しては、どうすれば手を抜けるか？といった視点で造林地を眺めてみる必要がありそうです。

3. 下刈り省略のトピック

機械地拵えで雑草木を抑制

一貫作業システムでは伐採・搬出に用いた機械で地拵えを効率的に行います。この機械地拵えの雑草木抑制効果を検証し、下刈り省略につなげる方法が長野県で検討されました[5][6]。バケットで地拵えを行った後、スギとカラマツを植栽して2年間無下刈りとした場合には、雑草木が林地を覆う割合やその高さは、人力で地拵えを行った場合に比べて低くなり、雑草木に被圧された植栽木の割合も少なくなりました。土の表層付近に埋もれている雑草木の種子を表土ごとバケットでかき寄せることや木本類の伐根を引き抜く作業が雑草木の抑制につながると考えられ、スギでは2年目までの下刈りを省略できる可能性が示されました。また、北海道の造林地では、主伐後の地表に散在する枝条をクラッシャで破砕する機械地拵えを行うと、細かくなった枝条が地表を厚く覆い、地拵えの翌年までは雑草木の発達を抑える効果があることも明らかにされました[6]。このような伐出機械を雑草木の抑制に活用する方法は、主伐と再造林を連携する一貫作業システムの導入によって可能となりました。

再び注目される大苗の活用

植える時点で苗木の高さが高く、植えた後の雑草木との競争に有利となる大苗を植えて下刈りを省略する取り組みは過去にも行われていました[1]。しかし、裸苗に比べて重くかさばるポット大苗は、林地での運搬が大変で植え付けに時間と労力がかかります。また、一定の土地面積で育苗できる苗木の本数が少なく、育苗期間も長くなる大苗は、普通苗に比べて苗木代が高くなります。コストや労力が掛かり増しとなる大苗ですが、植栽後に期待していたような成長をみせない場合もあり、初期投資に対して効果が確実に得られない場合があることが導入の課題でした。苗木運搬については、昨今の一貫作業システムでのフォワーダ利用だけでなく、ドローンの活用も進められています[7]。苗木生産については、コンテナ苗の残苗を活用した大苗生産[8]や従来と同じ期間で出荷できるコンテナ中苗の活用[9]も行われるようになりました。新しい作業システムの導入と関連した造林地での苗木運搬の軽労化、育苗技術の進展による苗木の高品質化と低価格化が進めば、下刈り回数の削減を目的とした大苗植栽のハードルは大きく下がることになるでしょう。再造林地で大きな問題となっているシカ食害への対策という点も併せて、従来の苗木に比べて大きめの苗木が再び注目されています。

クラッシャやバケットでの地拵えと苗高100cm前後のクリーンラーチの大苗植栽を組み合わせた北海道での試験では、4年間無下刈りでも成長は良好で樹高が3mに到達した例があります[6]。また、スギの特定母樹由来の苗木で、苗高が90cm程度のコンテナ中苗を植栽した九州の試験では、下刈りは1年目と2年目のみで5年目の樹高が5mを超えた事例も知られています[9][10]。

ワラビの混植で再造林経費を黒字化

焼き畑跡地にスギの苗木を疎植して農作物を栽培し、下刈りや間伐をほとんど行わずに成林させる人工林の施業が過去に行われていたことを3章で触れました。また、1960年代には、造林地に牧草の種を撒いて、生えてきた牧草で雑草木を抑制し、刈り取った牧草で収益を得る草生造林が試されていました。これと似た発想で、山菜のワラビを再造林地での下刈り省略に活用する実証試験が山形県で進められました[6][11]。この例では、スギとワラビのポット苗を混植することで下刈り回数を従来の半分の3回以下とすることができ、ワラビの販売収入で再造林経費の黒字化も可能と試算されています。ワラビの収穫や出荷作業に多くの人手が必要になることから広い面積の再造林地に展開することは難しいようですが、ワラビの生産量が日本一という山形県の地域性を活かしたニッチな技術として注目されます。

4．下刈りスケジュールと要否判断

下刈り省略のスケジュール

植栽後5～6年間の毎年の下刈りは必ずしも必要ないとする事例は以前から知られていました。例えば、ヒノキの密着造林でツル類が少なく谷筋を除く条件であれば4年目の1回の下刈りで成林可とした1980年代の大阪営林局の報告もあります。下刈り省略が再び注目されたこの10年で、従来の下刈り回数を減らしてみる実証試験が各地で進められました。

植栽後6年間の毎年実施を従来の下刈りとした場合、回数を半減するパターンの例としては、最初の3年間を連続して行う「連年下刈り前期型」、後半の3年間を連続して行う「連年下刈り後期型」、1年おきに隔年で行う「隔年下刈り型」などに整理されますが、どのパターンを選ぶかは、造林木として選択される樹種の特性、植えた後の苗木の成長の良否、再造林地に出現する雑草木の種類等を考慮して適切に判断する必要があります(12)。東北地方のスギでは、植栽後2年間を無下刈にすると雪害や誤伐が増えたこと、4年目と6年目以降の下刈りを省略しても雑草木による被圧の影響は少なかったことから、下刈り省略のスケジュールとしては植栽後2

年目、3年目、5年目の実施が提案されています(13)。一方、陽樹の特性が強いカラマツは雑草木に覆われると成長低下が顕著であることから、毎年実施して早期終了を目指すか、隔年であれば雑草木が繁茂しない場所を選ぶことが重要と指摘されています。

ある年に下刈りを中止すると雑草木がより繁茂することになり、その後で行われる下刈りや除伐に余計な労力がかかることが懸念されます。下刈りの隔年実施で、下刈りを中止した翌年に行った下刈りの作業時間は、毎年実施に比べて1.2～1.5倍ほど増加し、10年次の除伐の作業時間も1.3倍ほど増えたという高知での例があります(14)。また、数種類のパターンで下刈り回数を減らした林地では、毎年実施に比べて13年次の除伐の作業時間が増加したという鹿児島での例もあります(15)。しかし、いずれの場合も、下刈りと除伐を合わせた作業時間の合計は下刈りを省略した林地で少なくなり、初期保育全体として労力とコストを削減できることが実証されています。

下刈り要否の判断

下刈り回数を減らす基本的な考え方は実証試験等から整理されてきましたが、実際に下刈りを省略するか否かは、個々の現場の状況に応じて判断することになります。この判断には、下刈りの有無によって造林木と雑草木の成長と相互の競争関係がどのように変化するのか、その競争状態の変化は造林木の生育にどのように影響してくるのか、予想される生育への影響は人工林を仕立てていく上で許容できるのかといった視点が必要になります。また、現場での下刈り要否の判断は、植栽後の年数の経過に応じてその年その年に行われた後、最後に下刈り終了について行われることになりますが、それぞれに対して異なる基準が必要となります(12)。

スギについては、梢端が雑草木に埋もれなければ樹高成長は顕著には低下しないことが知られています。福岡県のスギ造林地の調査から、ある年の夏の下刈り前の時期に、本数で9割以上のスギで、その梢端が雑草木の高さから抜き出る状態となるには、その年の春先の成長開始前のスギの樹高が、ススキが優占する林地では2・2m以上、落葉広葉樹等が優占する林地では1・4m以上あることが必要なことが分かりました(16)。同様の結果は九州内の多点調査でも得られています(17)。

このことから、スギの梢端を雑草木に長期間埋もれさせず、樹高成長への影響を少なくするためには、目安として上記の高さをスギが超えるまでは毎年の下刈りが必要との判断基準が示されました。また、ススキは草丈に2m程度の上限があることから、ススキが優占する造林地では、スギの樹高が上記の高さから３ｍ程度の範囲になった時点で下刈りを終了できるという基準も提案されています(16)。このような下刈り要否に関する高さの基準は、下刈り終了時の樹高の下限域が２ｍ～３ｍであったこと（図４－１）と対応しているようでもあり、経験による現場判断が科学的に裏付けられた例といえるのかもしれません。九州地域で得られた研究成果を基に、スマートフォンやタブレットに必要な情報を現場で入力して、下刈り要否を判断するツールの開発も進められています(17)。

造林木の成長と雑草木の発達、そして両者の競争の状態は、ひとつの再造林地のなかでも場所によって大きく変わってきます。雑草木に樹冠が覆われていない造林木が再造林地のどこに何本くらいあるかといった情報は、林分としての下刈り要否の判断や、必要な区域に限って下刈りを行う省力化に欠かせません。しかし、１haに数千本もある造林木の状態を、林地を歩き周りながら１本１本調べるのは現実的ではありません。そこで、ドローンで造林地全体を上空から撮影し、画像解析により造林木個体の位置や周囲の雑草木の発達状況を調べる研究が行われています(17)。技術開発が進めば、下刈りに関わる申請や検査の効率化にも活用できそうです。

一貫作業システムや特定母樹の導入を積極的に進めている九州森林管理局の新植事業では、平均下刈り回数が４・６回であった２０１４年度に比べて、２０２０年度には３・７回と約１

検索キーワード

- 下刈り省略手法
- 競合植生と下刈り
- 大苗植栽と下刈り
- 下刈りの判断基準
- 下刈りスケジュール

回分少なくなっているとのことです(9)。木材の価格が高く育林経費以上の収入が十分に得られ、林業に従事する人が山村に多く住んでいた半世紀前とは状況が一変した現在において、個々の再造林地で本当に必要な下刈りは何かをしっかりと見極めて実行する意義はとても大きくなっています。

引用文献

(1)重永英年（2019）4・1下刈り省力に関するこれまでの取り組み，低コスト再造林への挑戦，日本林業調査会，pp94－99．
(2)植田正幸（1969）下刈りに関する実態調査，林業技術，331：23－27．（https://www.jafta-library.com/pdf/mri331.pdf）
(3)日本林業技術協会（1961）技術的に見た有名林業 第1集，日本林業技術協会，152pp.
(4) 日本林業技術協会（1962）技術的に見た有名林業 第2集，日本林業技術協会，148pp.
(5) 大矢信次郎（2020）地拵えの機械化による再造林コストの低減，現代林業，650：38-43.
(6) 森林総合研究所（2019）低コスト再造林に役立つ〝下刈り省略手法〟アラカルト，37pp.（https://www.ffpri.affrc.go.jp/pubs/chukiseika/documents/4th-chuukiseika22.pdf）
(7) 林野庁（2023）ドローンを活用した苗木等運搬マニュアル，105pp.（https://www.rinya.maff.go.jp/j/kanbatu/houkokusho/attach/pdf/doron-10.pdf）
(8) 林野庁（2022）コンテナ苗の大苗化の手引き，11pp.（https://www.rinya.maff.go.jp/j/kanbatu/houkokusho/attach/pdf/syubyou-2.pdf）
(9) 九州森林管理局における低コスト造林技術の実証・普及状況（https://www.rinya.maff.go.jp/kyusyu/kaigi/kyogikai/attach/pdf/kyogikai_106-10.pdf）
(10) 伊藤哲ほか（2023）スギ特定母樹の中苗活用による下刈り省略の可能性，日林誌，105：245-251.（https://www.jstage.jst.go.jp/article/jjfs/105/7/105_245/_pdf/-char/ja）
(11) 中村人史（2017）カバークロップによる低コスト再造林技術の開発　ワラビ被覆で下刈り回数軽減，現代林業，614：36-40.

(12) 山川博美（２０１９）４・２ 下刈り回数の削減と判断基準，低コスト再造林への挑戦，日本林業調査会，pp１１０－１０８

(13) 森林総合研究所（２０１６）ここまでやれる再造林の低コスト化 -東北地域の挑戦－，27pp.（https://www.ffpri.affrc.go.jp/thk/research/research_results/documents/3rd-chuukiseika33_1.pdf）

(14) 渡辺直史ほか（２０２０）成長の早い苗木を用いた再造林低コスト化に関する研究（下刈りの省略が除伐功程に与える影響），高知県立森林技術センター 令和元年度研究成果報告書，７－８.（https://www.pref.kochi.lg.jp/soshiki/030102/files/2020070300211/R01_03-2.pdf）

(15) 福本桂子ほか（２０２１）下刈りスケジュールの違いが雑木の量と除伐作業時間に与える影響—鹿児島県13年生スギ林の事例—，日林誌，１０３：48－52.（https://www.jstage.jst.go.jp/article/jjfs/103/1/103_48/_pdf/-char/ja）

(16) 鶴崎幸ほか（２０２０）競合植生によって異なるスギ造林地の下刈り要否の判断基準，日本森林学会誌，１２０：２２５－２３１.（https://www.jstage.jst.go.jp/article/jjfs/102/4/102_225/_pdf/-char/ja）

(17) 森林総合研究所（２０２３）エリートツリーを活かす育苗と育林，施業モデル，32pp.（https://www.ffpri.affrc.go.jp/pubs/chukiseika/documents/5th-chuukiseika15.pdf）

第５章

早生樹とエリートツリー

国立研究開発法人森林研究・整備機構
森林総合研究所　植物生態研究領域

重永 英年

1. はじめに

育林コストの削減と林業経営の収支改善が課題となるなかで、人工造林の植栽樹種として、早生樹やエリートツリーが注目されるようになりました。植栽後に苗木が速やかに成長すれば下刈りの回数とコストが削減でき、収穫までの期間が短縮できれば経営意欲の向上にもつながります。昨今とは背景が異なりますが、成長が早い樹種が脚光を浴び、短期間で収穫できる林業が大きく注目された時代がありました。本章では、この過去を振り返るとともに、早生樹のセンダンとコウヨウザン、そしてエリートツリーを取り上げます。

2. 短期育成林業とモリシマアカシア

1960年頃の日本では戦後の経済発展とともに木材需要は増大し、10~20年の間に用材の供給が不足すると考えられていました。このため森林資源の開発と人工林の造成が積極的に進められましたが、新しく造成した人工林から木材が出てくるようになるまでには数十年の期間を要します。林業の長期性の克服も合わせて、この期間の需要に見合う木材供給を円滑に行うため、短期間で収穫できる「短期育成林業」の確立が求められました。これに向けて、林野庁と国立林業試験場（現森林総合研究所）のメンバーが委員となり、林地肥培、林木育種、外国樹種の導入等を総合的に検討する「短期育成林業推進協議会」が発足しました(1)(2)。そして、対象樹種の候補として、外国産ではユーカリ、ポプラ、ストローブマツ、アカシア、コウヨウザン等が、国内産ではカバ類、コバノヤマハンノキ、シイ類、スギ等が取り上げられました。

注目された外国産樹種のひとつにモリシマアカシアがありました。モリシマアカシアはオーストラリア原産のマメ科の常緑広葉樹で、タンニンを含む樹皮採取を目的として１９２０年代半ばに日本に導入されていました。１９５０年代から、ササや価値の低い雑木林が多かった福岡県北九州地域、痩せた土壌が広がる熊本県天草地域などを中心に、当初は痩悪林地の改良を目的として、成長が旺盛であることが分かってからはパルプや坑木生産を目的として事業的な造林が進められました(3)。正常に生育すれば植栽後1年で樹高が1・5m程度になるため下刈りは1年目だけで良く(4)、5年次の平均樹高が11m、材積が１５０㎥／haといった林分も記録に残っています。伐期は10年ほどで、大手パルプ会社と造林者との間で契約造林の制度も創設され、１９６５年までの造林面積は福岡県で約９００ha、熊本県で約１６００haに達していたとのことです。

しかし、1年目の下刈りが十分でなかったことが原因と考えられた不成績造林地も多く、雑草木より樹高が高くなるまでは入念な下刈りを必要とすること、施肥を行わないと養分が不足して梢端枯れや落葉が生じること、寒さの害、冠雪や台風による根返りや幹折れの被害が発生する等、様々な課題もありました(5)(6)。適地を見誤った造林地の多くは不成績に終わり、海外からの安価なチップの輸入といった社会経済情勢の変化もあって、当初の目的を果たすことなく見捨てられ、ミカン園やヒノキ林に植え替えられていったそうです(7)(8)。このようなモリシマアカシアの事例は、早生樹だから手がかからずにどこでも良く育つということはなく、適地をしっかりと見極めて植栽し、適切な時期に適切な保育が必要であること、社会経済情勢が大きく変化する時代には数十年先の見通しを立てることは難しいことを教えてくれます。また、新たな樹種の造林に関する知見は、成功や失敗を積み重ねながら蓄積されていくことが分かります。

3. センダン

センダンは西日本の暖地に自生するセンダン科の落葉広葉樹で、スギやヒノキの人工林伐採跡地で雑草木に混じって育つ実生を見かけることもあります。熊本県が多様な森林づくりの一環としてセンダンの試験研究を始めたのは今から30年以上も前で、その取り組みを続けてきたことが現在の有益な知見につながっています。熊本県林業研究指導所（現林業研究・研修センター）では、２００３年に研究成果をまとめた「センダンの育成方法」を、２０１５年にその改訂版[9]を発行しています。この手引書には、成長特性や植栽適地、芽かきの方法、直径30～40cmの材を15～20年で生産する施業体系の例、気象害や病虫獣害等、育林全般に関わる内容が盛り込まれています。また、２０２０年の森林科学誌「センダンで始まった新たな林業・林産業」[10]では、通直な材を得るために植栽密度試験や枝打ち試験を経ながら芽かきに至った経緯、木材利用分野との連携等が紹介されています。

熊本県で取り組みが進んでいたセンダンは、スギやヒノキではない再造林樹種の選択肢のひとつとして注目を集めるようになりました。林野庁では、「早生樹利用による森林整備手法検討調査委託事業」を２０１７年度から開始し、既往文献の整理、既存植栽地の調査と植栽試験を進めました。センダンはこのなかで取り上げられ、事業の成果は「早生樹利用による森林整備手法ガイドライン（令和3年度改訂版）」[11]にまとめられています。国有林や他県でも地域への導入に向けた植栽試験が進められ、福井県では寒さや積雪の影響にも注目した「福井県における早生樹（センダン・コウヨウザン）生産の手引き」(12)を2023年に発行しています。

これまでの植栽試験から、肥沃な土壌で生育が良く斜面上部や尾根で劣ること、滞水や過湿の環境では生育不良となること、冬の寒さに弱く寒冷地では梢端枯れ等が発生すること、雪に埋もれると折損の恐れがあること、雑草木やツル類の繁茂が激しい場所では年2回以上の下刈りが必要になること、直材を採る高さまでの芽かきを適切な時期に行う必要があること等が明らかになっています。短期間に通直な材を得ることを目的としたセンダンの人工林施業では、植栽初期の丁寧な下刈りと芽かき、収穫までの20年間に数回の間伐、必要であれば施肥を行います。スギやヒノキに比べるとその施業は集約的で、投入する労力やコストに見合った収穫を計画通りに得るためには、適地の厳密な判定や優良苗の利用がより重要になってくると考えられます。

4. コウヨウザン

コウヨウザンは中国・台湾原産のヒノキ科の常緑針葉樹で、前出の「短期育成林業推進協議会」においても候補に上がった樹種のひとつでした。１９５８年に発行された図書「早期育成林業」(13)では、コウヨウザンの当時の県別の本数や造林地数、造林地の成績、育苗や保育、材の性質等が網羅的に紹介されています。

例えば、北限は宮城県で南限の鹿児島県に本数が多いこと、概して西南日本の暖地の造林地で生育が良いこと、湿潤な肥沃地を好むが瘦悪地を除けばやや乾燥地でも造林の可能性はあること、風衝地では梢端部の折れが発生するので植栽を避けること、潮風が当たる場所では葉が黄変して成長不良になること、幼齢時から旺盛に発生するひこばえを入念にかき取らなければ小径の二又木になりやすいこと、分岐しやすいため除伐等の際に矯正しないと不良樹形になること、輪生する枝は容易に枯死・脱落せず材に多くの節目が生じることから早めに周到な枝打ちが必要であること等が述べられています。月刊「現代林業」（全林協）２０２２年４月号では「特集 事例に見る―コウヨウザンの可能性を検証」で本樹種を取り上げていますが、国内最大の壮齢林として紹介された広島県庄原市の59年生林分(14)は、「早期育成林業」の図書が発行された数年後に植栽されたことになります。

広島県は２００９年頃に庄原市の林分で成長の良さを確認し、新たな造林樹種として検討を

写真5-1
コウヨウザンに関する
プロジェクト研究の成果集

始め、林分調査、採種園や採穂園の整備、造林事業による支援を進めました(14)。２０１０年代半ばからは、森林総合研究所林木育種センター、広島県立総合技術研究所林業技術センター等が、生育特性の解明、優良な苗木づくり、収穫した材による合板等の製作と性能評価の研究を共同で進めました。その成果は「コウヨウザンの特性と増殖マニュアル」（写真５－１，(15)）として、２０２１年に公表されています。前センダンと同様に、国有林や県等による地域への導入に向けた植栽試験も進められました。前出の「早生樹利用による森林整備手法ガイドライン（令和3年度改訂版）」(11)ではコウヨウザンも取り上げられており、高知県では「コウヨウザンに関する技術指針（暫定版）」を２０２１年に公表しています(16)。

ここ10年で始まった植栽試験では幼齢時の結果しか得られていませんが、スギの特定母樹以上の成長を示した例(17)や、スギの１・2倍程度の樹高成長を示した例(12)が報告されています。一方、ノウサギに主軸を切断される被害が多くの試験地で確認され、その対策が大きな課題となっています(11)(18)(23)。半世紀以上前に植えられ残っていた林分を再認識したところから始まった最近のコウヨウザン造林ですが、今植えた苗木が収穫時期に到達するにはまだ数十年は必要です。その途中で出てくる課題を解決していくことが、コウヨウザン造林の技術の確立につながっていきます。日本の林業とコウヨウザンとの２度目のお付き合いは始まったばかりですが、付かず離れず進めていくことが大事かもしれません。

5．エリートツリー

エリートツリーと特定母樹

「エリートツリー」（写真５－２、口絵４）とは第２世代以降の精英樹とされています(19)。ここで、第１世代精英樹とは、１９５０年代半ばに始まった林野庁の林木育種事業により、林木育種場（現森林総合研究所林木育種センター）が中心となって、全国の林地から選抜された成長等の形質

写真5-2　エリートツリー（スギ）の初期成長

森林総合研究所林木育種センター「エリートツリーの開発」（https://www.ffpri.affrc.go.jp/ftbc/business/sinhijnnsyu/seicyou.html）による。

に優れた個体のことです。９０００を超える精英樹はつぎ木やさし木によってクローン増殖され、種類（系統）ごとに識別して保存されました。１９６０年代半ばからは、精英樹の山での性能を評価するために各地の試験林（検定林）に苗木が植栽されました。１９８０年頃からは、検定林で優れた性能を発揮した系統同士を交配して子供（精英樹F_1）を育成し、それらの性能を評価するための検定林が新たに作られました。この検定林から、成長に優れ幹が通直で雄花着花量が多くない系統が、第２世代精英樹として選抜されました。第３世代精英樹を選抜する取組も進められていますが、現時点でエリートツリーとして普及が進みつつあるのは第２世代精英樹です。その数は、２０２１年度末時点で、スギが６２７系統、ヒノキが３０１系統、カラマツが１２２系統、トドマツが50系統となっています。

地道な林木育種事業の成果として生まれたエリートツリーの普及は「特定母樹」(20)によって進められています。特定母樹は、２０１３年に改正された「森林の間伐等の実施の促進にかかる特別措置法」に基づくもので、成長や雄花着花量等の形質について一定の基準を満たし、農林水産大臣によって指定された系統のことを指します。林木育種センターでは、エリートツリーを特定母樹として申請し、指定を受けた系統の原種の生産と配布を進めています。２０２１年度末時点で特定母樹になっているエリートツリーは３２０系統あります。このような林木育種に県が独自に取り組んだ例もあります。佐賀県では次世代スギ精英樹「サガンスギ」を開発し、県内への苗木供給を開始しました(21)。

４章では、下刈り回数を減らすための林業機械の活用や大苗植栽の例を紹介しました。この例では、丁寧な地表処理や普通苗に比べて割高な大苗の購入といったように、掛かり増しの労力やコストが少なからず発生します。仮に、雑草木の繁茂が予想以上に激しく、また、大苗が期待通りに伸びないといったことで、結果として下刈り回数を減らせなかった場合には、かけた手間と経費は無駄になってしまいます。一方、エリートツリーは開発に長い時間がかかっても、いったん普及すれば従来の苗木に取って代わるだけで、現場では何の手出しもいりません。下刈り省略については、効果が不確実な手法に余計な労力やコストを投入しないこと、労力やコストの上乗せなしで回数の削減が可能な条件を探ることが非常に重要です。この点から、エリートツリーの活用は大きく期待されます。スギのエリートツリーでは、従来の苗木に比べて下刈り回数を2回程度減らすことが可能と試算されています(22)。

エリートツリーの性能を引き出す立地条件

一口に再造林地といっても地域や場所によって環境が異なり、植栽した苗木の生育も良かったり悪かったりします。遺伝的に優れた特性を持つエリートツリーはどのような場所でも同じように性能を発揮できるのでしょうか？ このことを明らかにするため、様々な場所でエリートツリーの成長を追跡する植栽試験が進められています。九州地域の8カ所で行われたスギの植栽試験では、エリートツリー9系統のそれぞれの3年次の平均樹高は既存系統を20〜60％上回っていました(23)。エリートツリーの優れた初期成長は東日本のスギ造林地でも確認できましたが、ヒノキ人工林の伐採跡地にスギを植えた場合には期待したほど成長しなかった事例もあ

検索キーワード

- 早生樹の種類と特徴
- コウヨウザンの特性と増殖
- センダンの育成
- 林木の新品種の開発と普及
- エリートツリーと特定母樹

りました[23]。また、従来のスギと同様に、斜面上部では下部に比べて樹高成長は低下しました。標高データから算出した地形的な湿潤指数（ＴＷＩ）と幼齢時のスギの樹高成長との関係をモデルで評価した例では、ＴＷＩが高く湿潤な条件ではエリートツリーと従来のスギとの樹高成長の差は明らかでした。しかし、ＴＷＩが低く乾燥した条件では両者の違いは不明瞭となりました[23]。このように、スギのエリートツリーで優れた初期成長の性能を引き出すためには、スギ本来の生育適地である水分環境が良好な場所を選んで植栽することが重要であることが分かってきました。

以上のように、再造林地でのエリートツリーの初期成長特性が明らかになってきましたが、植栽から収穫までを通して優れた性能を最大限に発揮させるための立地条件や施業方法に関する研究を、引き続き進めていく必要があります。

引用文献

(1)林野庁造林保護課（1961）これからの造林事業の方向と問題，林業技術，230：10－12.（https://www.jafta-library.com/pdf/mri230.pdf）

(2)弘田尊男（1961）短期育成林業推進協議会の動きについて，林業技術，228：1－3.（https://www.jafta-library.com/pdf/mri228.pdf）

(3)青木義雄（1962）外国産早生樹（アカシアモリシマ）の導入について，林業技術，239：2－6.（https://www.jafta-library.com/pdf/mri239.pdf）

(4)只木良也（1968）モリシマアカシア林保育の基礎的研究，林試研報，216：99－125.（https://www.ffpri.affrc.go.jp/pubs/bulletin/201/documents/216-4.pdf）

(5)白井純郎（1966）アカシヤ林の風害雑感，林業技術，292：31－32.（https://www.jafta-library.com/pdf/mri292.pdf）

(6)短期育成林業研究班（1971）合理的短期育成林業技術の確立に関する試験報告 第1部 設定と経過について（初期6か年の記録），林誌研報，233：1－306.（http://www.ffpri.affrc.go.jp/pubs/bulletin/201/documents/233-1.pdf）

(7) 上中作次郎（１９９２）よみがえれモリシマアカシア林，九州の森と林業，20：６－７．(http://www.ffpri-kys.affrc.go.jp/kysmr/data/mr0020k5.htm)
(8) 野田巌（１９９６）森林からの新素材を求めて－地球にやさしい素材とモリシマアカシア－，九州の森と林業，42：１－３．(http://www.ffpri-kys.affrc.go.jp/kysmr/data/mr0042k1.htm)
(9) 熊本県林業研究指導所（２０１５）センダンの育成方法 H27改訂版，17pp．(https://www.pref.kumamoto.jp/uploaded/attachment/118828.pdf)
(10) 横尾謙一郎（２０２０）センダンで始まった新たな林業・林産業，森林科学，89：34－37．(https://www.jstage.jst.go.jp/article/jjsk/89/0/89_34/_pdf/-char/ja)
(11) 林野庁（２０２２）早生樹利用による森林整備手法ガイドライン（令和３年度改訂版），45pp．(https://www.rinya.maff.go.jp/j/kanbatu/houkokusho/attach/pdf/syokusai-10.pdf)
(12) 福井県総合グリーンセンター（２０２３）福井県における早生樹（センダン・コウヨウザン）生産の手引き，44pp．(https://www.pref.fukui.lg.jp/doc/green-c/sikennkenkyuu_d/fil/souseijyu.pdf)
(13) 森林資源総合対策協議会編（１９５８）早期育成林業，７２５pp，産業図書株式会社
(14) 黒田幸喜（２０２２）広島県のコウヨウザン造林の状況と今後，現代林業，６７０：14－29．
(15) 森林総合研究所林木育種センター（２０２１）コウヨウザンの特性と増殖マニュアル，53pp．(https://www.

ffpri.affrc.go.jp/ftbc/documents/koyozan_manual.pdf）
⒃高知県林業振興・環境部（２０２１）コウヨウザンに関する技術指針（暫定版），18pp.（https://www.pref.kochi.lg.jp/soshiki/030301/files/2021033100022/honbun.pdf）
⒄大塚次郎ほか（２０１９）植栽後7年次までのコウヨウザンとスギの系統別の成長比較，九州森林研究，72：29－32.（https://jfs-q.jp/kfr/72/p029-032.pdf）
⒅濱田秀一郎（２０２２）バイオマス発電用燃料チップ生産とコウヨウザン造林戦略，現代林業，６７０：30－38.
⒆森林総合研究所林木育種センター，エリートツリーの開発（https://www.ffpri.affrc.go.jp/ftbc/business/sinhijnnsyu/seicyou.html）
⒇林野庁，特定母樹（https://www.rinya.maff.go.jp/j/kanbatu/kanbatu/boju.html）
(21)佐賀県，佐賀県生まれの新しいスギ「サガンスギ」（https://www.pref.saga.lg.jp/kiji00397820/index.html）
(22)星比呂志ほか（２０１３）今後のエリートツリーの活用による育種の推進，森林遺伝育種，２，１３２－１３５.（https://www.jstage.jst.go.jp/article/fgtb/2/4/2_132/_pdf/-char/ja）
(23)森林総合研究所（２０２３）エリートツリーを活かす育苗と育林，施業モデル，31pp.（https://www.ffpri.affrc.go.jp/pubs/chukiseika/documents/5th-chuukiseika15.pdf）

第６章

将来を見据えた人工林の管理に向けて
—ビッグデータと機械学習を利用した樹高成長の評価—

国立研究開発法人森林研究・整備機構
森林総合研究所　関西支所
森林生態研究グループ

中尾 勝洋

1. はじめに

再造林地に今年植えられた苗木は、いつ伐採されることになるのでしょうか。伐期の年数を現在と同程度の40年～60年、または少なく見積もって30年とすると、その時期は２０５０年から２０８０年代ということになります。その頃には地球温暖化によって、気候が今とは大きく変わってしまうことが最新の研究で予測されています。また、人口減少も確実に進行していることでしょう。当然、このような将来予測には多かれ少なかれ不確実性が伴います。しかし、単年で農作物の収穫が可能な農業と異なり、収穫までに長い年数が必要となる林業において、将来の自然環境や社会条件の変化をある程度見据えた上で、再造林を含めた人工林の造成と管理をどう進めていくかを考えることは、今まさに重要な課題です。

今後50年、１００年先の森林・林業を考える場合、地球温暖化の影響を無視することはできません。ＩＰＣＣによると、地球の平均気温は過去１００年間に約０・７℃上昇しています。日本においても温暖化は進行しており、２０２３年の夏の平均気温は平年比で１・76℃高く、この１２５年間で最高値を記録しました。地球温暖化は、気温上昇に加え、降水量の変化、極端気象現象の増加など、これまでとは異質な気候を引き起こしており、この流れは今後も続くと予測されています。気候条件の変化は、森林やそこに生育する様々な生物の分布、成長、生物季節に既に影響を及ぼし始めており、その程度は無視する事のできない段階にきています。今後、温室効果ガスの抑制に最大限の努力を払ったとしても、地球温暖化を完全に抑制することは難しいと言われています。このため、温室効果ガスの排出削減のための緩和策と不可避の影響に対する適応策を、気候変動対策の両輪として進めて行かなければなりません。森林には炭素吸収源としての働きが強く期待されており、緩和策の一環として、既にＪ－クレジットなどの排出量取引など新たな市場が活発に動き始め注目を集めています。一方で、森林や林業への温暖化影響は軽視できるものではなく、社会の仕組みや環境を調整することで、その影響を防止もしくは低減する適応策も等しく重要となります。

考えるべき課題は、あまりにも大きくなすすべがないように感じてしまうかもしれません。しかし、林業の現場では、森林情報のデジタル化や作業の自動化等のＩＴ技術の導入と普及が進んでいます。これに伴い、森林簿などの紙データがデジタルデータに移行し、航空機ＬｉＤＡＲなどの活用から高精度の森林資源データも蓄積されてきました。また、社会の様々な局面では、ＡＩや機械学習などを利用したデータサイエンスが盛んに行われるようになりました。このような進歩は、将来の森林や林業を考えていく上で、重要な示唆を与えてくれるはずです。

本章では、将来を見据えた人工林造成と管理に向けた森林ビッグデータの活用の可能性と課題について、研究の具体例を上げながら紹介します。

2. 森林ビッグデータとAI、機械学習

森林の現況を知る手立てとして、かつては現場調査以外に選択肢はほぼありませんでした。もちろん現在でも、生育状況等を現場で直接把握する必要性は変わっていません。むしろデジタル化が進行する中にあっては、調査や計測を現場で行い、情報を的確に捉えることのできるスキルはますます重要になると考えられます。しかし、人間の能力には限界があり、広範囲で大量のデータを取得するには、多大な労力と時間を要するのも事実です。近年では、航空機LiDARを使用した高密度3次元点群データや、ドローンによる高解像度の空中写真など、新しいセンシング技術の出現により、森林情報のデジタル化が急速に進化し、以前よりも大量のデータを短時間で効率的に収集できるようになりました。このような大規模な情報は、まさに〝森林ビッグデータ〟と呼べるものです。

ビッグデータの取得は、一般的に目標であって目的ではありません。データ取得の次には、膨大な情報から有益な情報をいかに取り出すかが課題となります。この課題に対処するために、機械学習や人工知能（ＡＩ）が登場します。これらの手法は、データサイエンスと呼ばれる学問のなかで急速に発展してきており、社会のさまざまな課題の解決に向けて広く利用されています。森林・林業分野においても、全国規模での樹木の分布データから、統計モデルを活用して樹木への気候変動影響を予測した研究(1)、ドローンによる林地の空撮画像から、深層学習を活用して樹冠を自動判別する研究(2)などがあり、ビッグデータと結び付いた機械学習やＡＩの活用は着実に進められています。

人工林の樹高成長は、林分の発達や収穫量を規定する重要な要因のひとつになります。この人工林の樹高成長を広域に高解像度で予測することは利用期を迎えた人工林の林分について、保育を続けるか主伐を進めるか、再造林から次の主伐までの施業をどのように設定して進めていくかを地域全体として考えていく上で、大きな意味を持ちます。以下では、樹高成長について、その特性を決める要因解明、地理空間情報としての整備と活用に向けて、ビッグデータと機械学習を組み合わせた推定方法の試みについて具体例を取り上げます。

3．スギ人工林の樹高成長の新たな評価手法

樹高成長の空間分布を高解像度で予測

岐阜県郡上市と高知県香美市を例として、航空機ＬｉＤＡＲ、森林ＧＩＳ（林班と林齢の情報等）、環境情報（気候や地形条件等）のビッグデータを活用し、機械学習モデルを用いてスギ人工林の樹高成長を定量評価し、高解像度で地図化する手法を検討しました。手順としては先ず、航空機ＬｉＤＡＲより得られた点群データからスギの樹冠の高さを表現する樹冠高モデル（ＤＣＨＭ：Digital Crown Height Model）を作成し、このモデルで25ｍ平方グリッド単位の平均樹高を算出しました。平均樹高を算出した地点数は、郡上市の場合は約37万地点にも及びます。次に、各地点の平均樹高を応答変数に、林齢、気候条件（暖かさの指数、最寒月最低気温、夏期降水量、冬期降水量）、地形条件（傾斜、ＴＷＩ、ＳＲＩＡ、上部集水域面積など）を説明変数に設定し、機械学習のひとつであるランダムフォレスト（randomForest）という手法を用いて、定量解析を行いました。ランダムフォレストとは、ランダムにサンプリングしたデータから決定木という統計モデルを大量に作り、それらを融合することで最終予測を行う手法です。

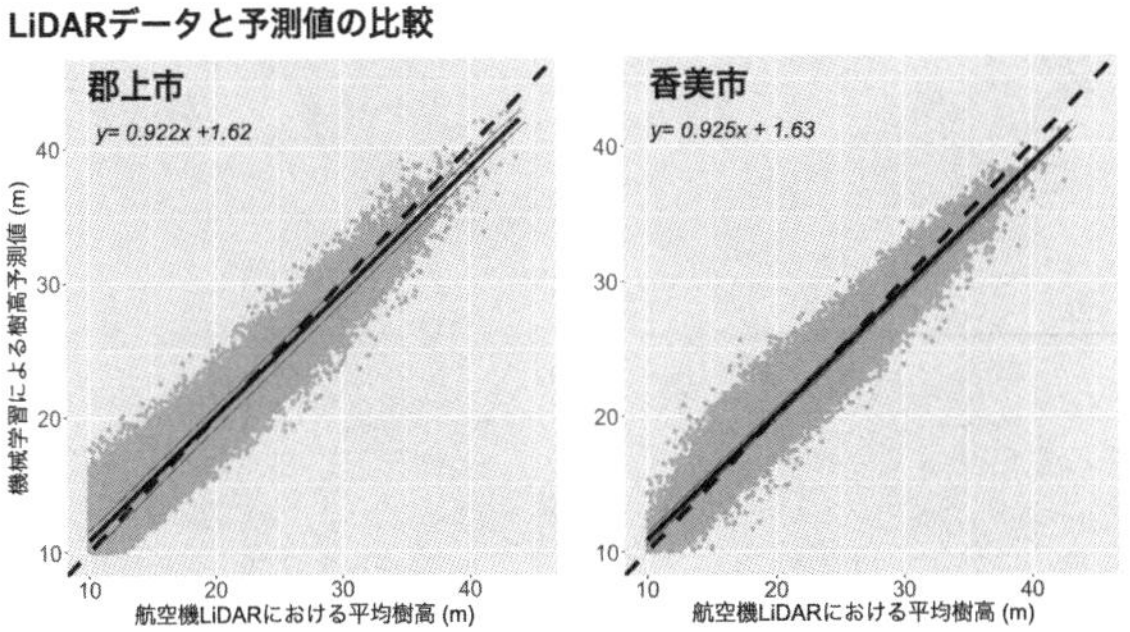

図6-1　航空機ＬｉＤＡＲによる平均樹高と機械学習による樹高予測値との比較

前述の方法では、郡上市と香美市ともに、林齢、気候、地形などの要因からスギの樹高を高精度で評価できることが明らかになりました（図6－1）。また、興味深いことに、樹高を規定する要因が両市で異なることも分かってきました。郡上市では、林齢、生育期間の積算温度である暖かさの指数、地形による湿潤度の指標となる地形的湿潤指数（ＴＷＩ）の順で重要度が高かったのに対して、香美市では斜面方位、林齢、ＴＷＩの順となっていました。このように、スギの樹高を規定する要因として林齢が大きく寄与する点は両市で共通していましたが、林齢を除けば、郡上市では気候条件が、香美市では地形条件が最も重要であることが分かりました。

構築した統計モデルを用いて林齢が20年から１００年次までの樹高をグリッドごとに予測しました（図6

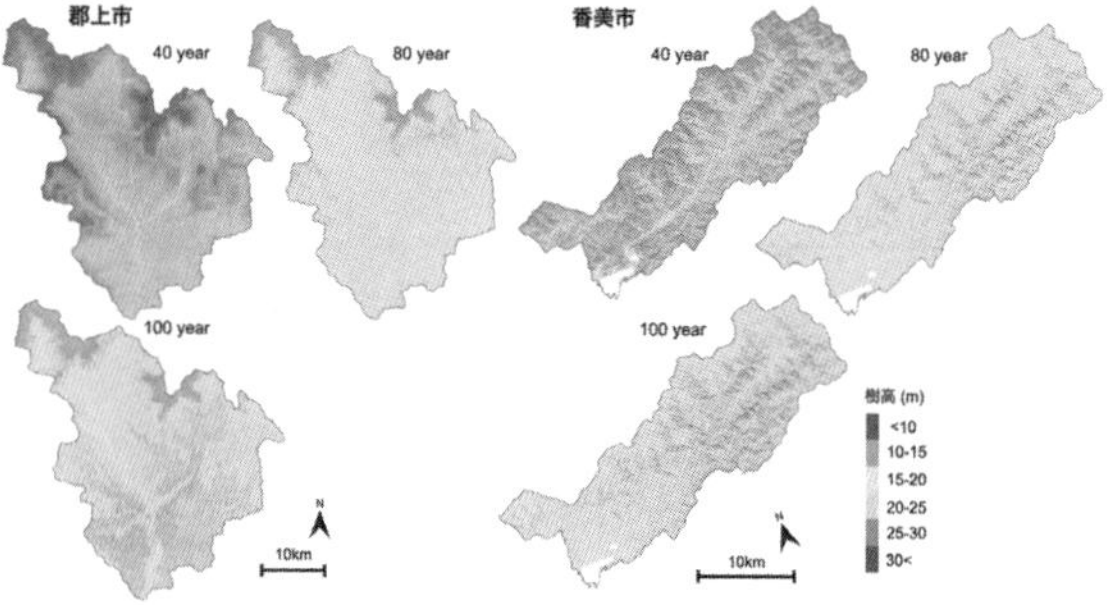

図6-2　機械学習モデルによる40、80、100年経過時における推定樹高

対象地域全域における経過年次に対する樹木成長を予測

－2)。さらに、得られた林齢と樹高との関係から、各グリッドを、高成長、晩熟、早熟、普通の4つの成長タイプに区分しました。郡上市では気候条件が、香美市では地形条件が樹高に強く影響を及ぼしていましたが、この条件に対応して各成長タイプが空間分布するという結果が得られました(図6－3、口絵5)。このように、一定の樹高に到達する必要年数や到達可能な高さといった樹高成長特性の違いを地域レベルで高解像度に評価することができるようになりました。

国内では、利用期を迎えた10齢級以上の人工林面積が全体の50％以上を占め、長伐期化が進んでいます。これらの林分には、間伐が不十分なまま高齢級に移行する人工林や、森林吸収源対策によって一度きりの間伐が実施された林分、再造林費

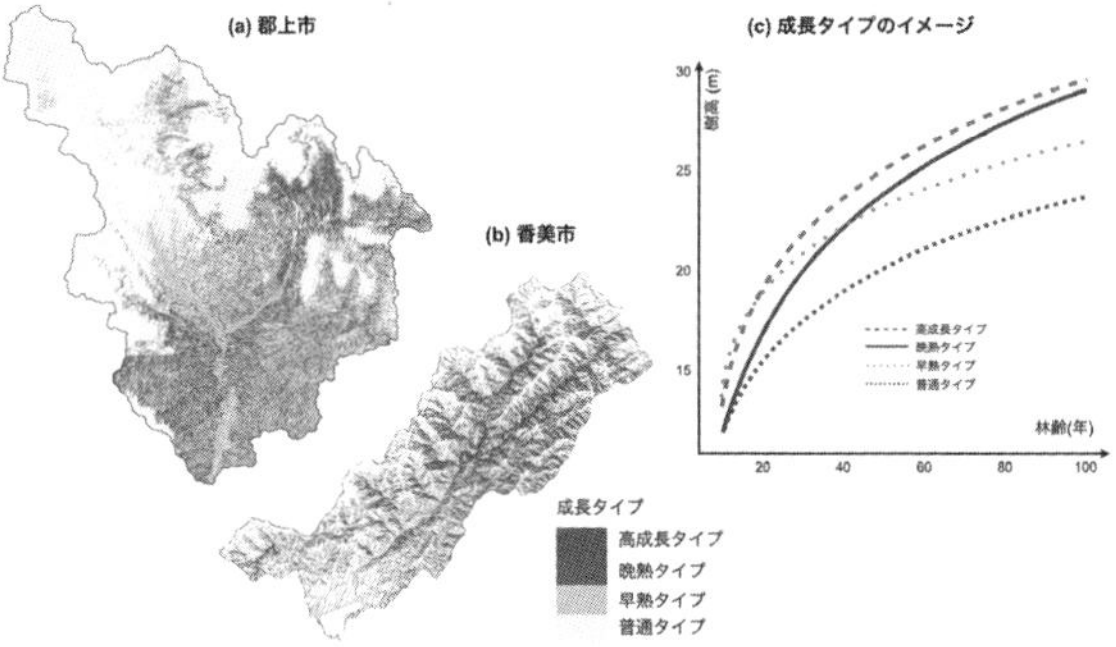

図6-3　地域内における成長タイプ分け
(a)郡上市、(b)香美市、(c)4 成長タイプの林齢に対する樹高成長のイメージ

用の問題から皆伐を回避するために高齢級で強度な間伐が行われた林分など、さまざまな高齢級人工林が混在しているのが実情です。一方、計画的に伐期を延長し高齢林に導き林分材積を増加させることで伐採効率を高め、林業収益を高めることが可能な林分が少なからず存在します。図6－3で示したような樹高成長に関する地理空間情報は、伐期延長や主伐・再造林も含めて、利用期を迎えた現存の人工林を具体的にどのように取扱っていくべきかという問題に対して、道筋を与えてくれるものになります。

樹高成長に及ぼす温暖化影響を予測

冒頭で述べた通り、これから造成する人工林は気候変動の影響を避けて通ることはできません。しかし、その影響は地域内で一様ではなく、ある場所では温暖化によって温度環境が改善され成長が良くなるなどポジティブな影響が出るかもしれません。反対にある場所では、これまで通りの成長が難しくなるネガティブな影響が出るかもしれません。前段で紹介した樹高成長予測の枠組みと将来気候シナリオを組み合わせることで、２０５０年と２１００年の気候下における４つの成長タイプの空間分布を、郡上市を例に予測してみました（図６－４、口絵６）。将来の環境下では現在とは異なる成長タイプに変わる場所があり、気候変動が進行することでスギの樹高成長パターンが変化してしまう林地が存在することが示唆されました。

ここで紹介したような今後の気候変動も見据えた樹高成長の予測を基に、今植えた人工林は将来的にどの程度の収穫量が見込まれるのか、伐期は何年に設定するのが適切なのか、林業経営が難しくなる場所はどこにあるのか等を考えながら、人工林の取り扱いを具体的に決めていくことが、これからは必須になると考えられます。一方で、課題も山積しています。将来予測には、気候モデルや社会経済シナリオなどに起因した不確実性が多分に含まれています。不確実性がある中で、合理的な意志決定をどう行うべきかについては、研究者だけで解決できる問題ではなく、さまざまなステークホルダーを巻き込んだ議論が必要になります。既に欧米では、

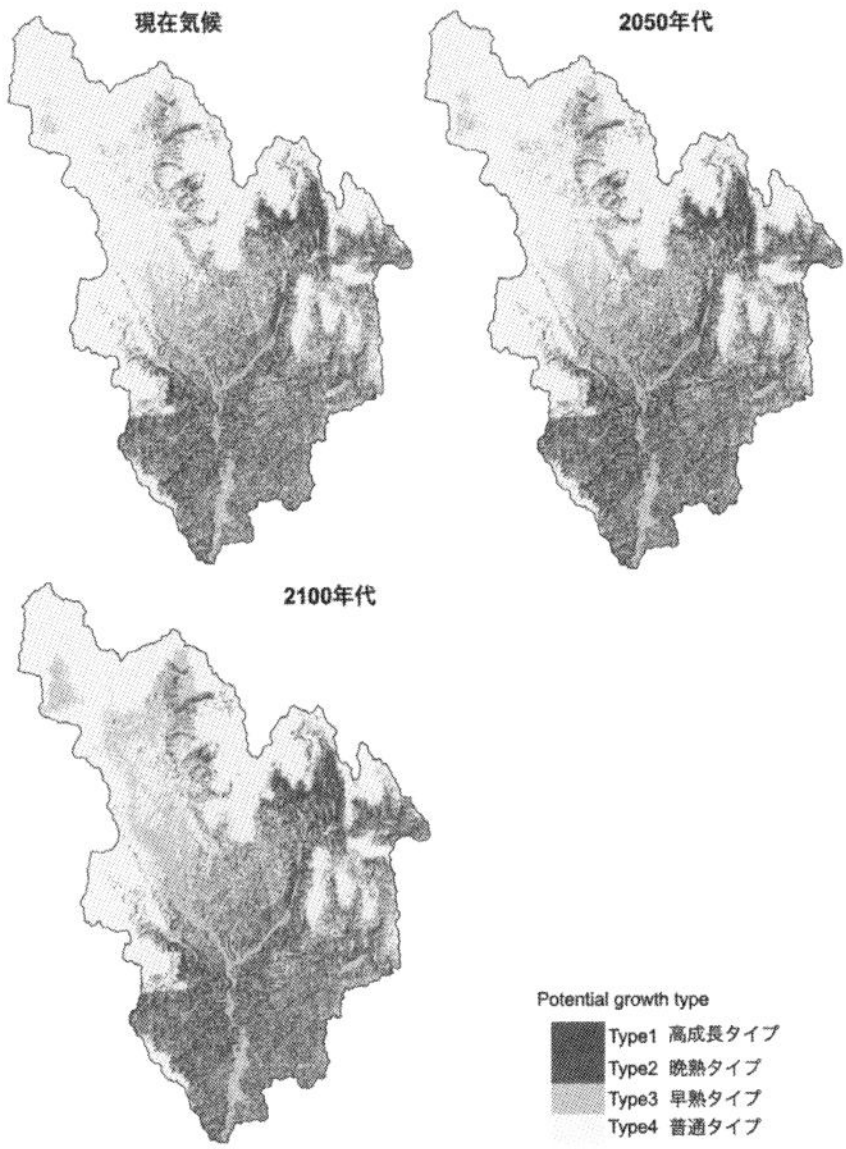

図6-4　将来気候条件下における成長タイプの予測

将来気候値には、気候モデルとしてMIROC、濃度経路シナリオとしてRCP8.5に基づき計算された予測値を用いた

このような議論や具体的な取り組みが森林や林業分野においても進んでおり、Ｗｅｂサイトでの情報提供システム（例えば、ＡＳＣＣ：Adaptation Silviculture for Climate Change; https://www.adaptivesilviculture.org/）やガイドライン（例えば3）が整備されています。

ここでは、航空機ＬｉＤＡＲによるデジタル樹高データ、森林ＧＩＳの林齢、環境条件の相互関係について機械学習を用いて解析することで、持続的な経営や森林保全の基盤となる樹高成長に関して、広域の地理空間情報を高精度で構築するための枠組みを示しました。日本では森林に関わる様々な情報のデジタル化が進み、航空機ＬｉＤＡＲによる計測や森林ＧＩＳの整備も急速に進んでいます。ここで紹介した枠組みは、地域ごとの樹高成長の規定要因への理解、地域スケールにおける詳細な成長予測分布マップの作成、さらに地球温暖化の影響予測につながるマイルストーンになると考えています。

現場で使える情報となるために

ここまでは、ビッグデータと機械学習とを組み合わせた新たな試みについて具体的に紹介しました。しかし、どんなに意義ある情報であっても、利用者に届かなければ意味がありません。また、温暖化影響予測のように研究者からの一方向的な情報提供では十分でない場合もあります。つまり、得た成果をどのように利用者に届け、活用してもらうかという点が最後の大きな課題として残ることになります。特に、ビッグデータを用いた解析結果は、情報量が多くなる傾向にあります。このような情報を必ずしも専門家ではない人が、普段の業務の中で活用する

検索キーワード

- 林業におけるビッグデータ
- 機械学習によるビッグデータ解析
- 森林・林業への温暖化影響
- 林業における温暖化適応策
- 航空機 LiDAR による森林計測
- 森林のゾーニング

にはハードルが高い場合があり、そのことが利用の妨げになってしまうことは容易に想像できます。このため ユーザーとなる林業現場や自治体の関係者にとって使い勝手がよく、有益な情報を得やすく、情報を一元的に扱うためのプラットホームが自ずと必要になります。幸いこの点においては、国土に関する様々な情報を扱う国土交通省が運用する〝国土数値情報ダウンロードサービス〟、森林域に特化した情報プラットホームとして林野庁の〝もりぞん〟や森林総合研究所が開発中の〝I-Forests〟などの運用と開発が進められています。このようなプラットホームの重要性は今後ますます高まると予想されます。ビッグデータとデータサイエンスの活用は、そのこと自体にフォーカスが絞られがちです。これらのレベルを高めることはもちろん重要です。しかし、研究者からの一方向的な情報ではなく、前述のようなプラットホームを活用し、ユーザーとの対話を繰り返しながらより良いものにしていく工夫や仕組みも同様に重要ではないでしょうか。

引用文献

(1) Matsui, T., et al. Potential impact of climate change on canopy tree species composition of cool-temperate forests in Japan using a multivariate classification tree model. Ecol. Res. 33 (2), 289–302. https://doi.org/10.1007/s11284-018-1576- 2.

(2) Onishi, M., Ise, T. (2021) Explainable identification and mapping of trees using UAV RGB image and deep learning. Sci. Rep. 11 (1) https://doi.org/10.1038/s41598-020- 79653-9.

(3) Christopher W.S., et al. (2022) Forest Adaptation Resources: Climate Change Tools and Approaches for Land Managers, 2nd edition. Forest Service, USDA, https://www.fs.usda.gov/research/treesearch/52760

第７章

再造林地でのシカ被害対策

国立研究開発法人森林研究・整備機構
森林総合研究所　九州支所
森林生態系研究グループ

野宮 治人（*1. 2. 3. 4*）
山川 博美（*5*）

1. シカ食害にどう対応すべきか

昨今の再造林コストを押し上げている最大の要因は、ニホンジカ（以降、シカ）被害に対するコストと言っても過言ではないでしょう。かつては、森林に対する獣害といえばノネズミやノウサギの被害でした。しかし、平成に入ってからの35年間は、これらを抜いてシカの被害が獣害の第一位となっています。半世紀前には野外でシカの姿を見ることも珍しかったという話が信じられないくらいにシカが増えています。植栽功程や下刈回数を見直して再造林コストを削減する取り組みが進められていますが、シカが多く生息している地域では造林地を防護柵で囲う対策が必要となり、1haで70万円程度の設置コストが追加で発生します。設置に補助金を利用できたとしても、柵の効果を維持するための保守点検作業の負担が残ります。造林地でのシカ被害にどのように対処すべきか長く議論されていますが、いまだに低コストで効果的な方法の決定版は見つかっていません。

これまで筆者は、育林の立場から九州でのシカ被害対策に関する研究を進めてきたので、本章でいくつか紹介します。まず、シカが食害しやすい高さに着目して食害の特徴を紹介します。近年ではシカ被害に加えてノウサギ被害の増加が心配されていますが、被害を見慣れていない現場ではしばしばシカ被害と見誤ることがあります。被害形態から加害獣を見分けるポイントをいくつか紹介します。次に、林地にシカが好む植物を残すよう下刈りの方法を工夫することで、シカ食害を軽減する効果があることを紹介します。その効果は十分とは言えないかもしれませんが、特別な資材やコストの負担がないというメリットがあります。シカ被害が予想される場合にそのような下刈りを予防的に適用することは有効だと考えています。

また、植栽木を1本ずつ物理的に守る単木保護について、九州と四国で多くの施工地を調査した結果を紹介します。保護資材の高さまでは非常に良く守れている一方で、シカが多く生息している林地では、保護資材の高さを超えて成長した枝葉を食害されるリスクが高くなります。やはり、シカの生息数とシカ被害の発生が関連していることは明白です。本章の１４７頁以降では、シカ被害リスクの大きさを現場で評価する新しい方法を山川博美さんに紹介してもらいます。シカの生息数を推定する作業には多くの時間と労力が必要ですが、この方法はシカの痕跡を確認して点数付けするだけなので慣れれば非常に簡便です。この方法の精度を高めることができれば、将来の木材生産に影響のない軽いシカ被害は許容するなどの判断ができるようになるかもしれません。これからも低コストで効率的なシカ被害対策に関する研究を進めていく必要があります。

2. シカ食害の特徴

若い造林木が受けるシカ被害の多くは、シカが餌として枝葉を食べる（採食する）食害です。シカは枝先の柔らかい部分を選択的に採食します。また、枝葉を一気に食べるのではなく、少し食べては次の造林木に移動するつまみ食いをくり返します。盆栽のように刈り込まれた樹形の造林木があれば、その造林地にはシカが何度も訪れて、くり返し枝葉が食べられていると考えてよいでしょう（写真7－1）。

また、シカは枝葉以外にも樹皮を採食することがあります。落葉植物の葉が枯れてしまう冬には笹などの常緑植物がシカの餌となります。しかし、多雪地の場合には、笹などの背丈が低い植物は雪に埋もれてしまうので、積雪から抜け出た比較的背丈の高い樹木の樹皮が冬季の餌として重要になります。気候が温暖な九州地域では常緑植物が豊富で積雪も少ないため、造林木に対する樹皮の採食は多雪地ほど一般的ではないようですが、若い造林木の樹皮が採食されることもあります。

その他に、シカが枝葉や樹皮を採食した痕跡と紛らわしい造林木被害があります。オスジカが角を樹皮に擦りつけて樹皮を傷つける角擦り被害は、樹皮の採食が目的ではありません。ま

写真7-1
シカによる食害を受けたスギの枝先（左）と、
採食が繰り返されて盆栽状になったスギ

た、ノウサギによる枝先や樹皮に対する食害が造林地で観察されることも増えていますが、見慣れていないこともあって被害同定に悩むこともあります。次に、これらを見分けるポイントを紹介します。

食害の見分け方

まず、オスジカの角擦り被害ですが、樹皮を採食した食害と見た目が非常に良く似ています。どちらも地際付近から高さ１２０㎝くらいまでの樹皮が傷つけられるので、いずれの場合も剥皮被害（皮はぎ被害）という呼び方をします。オスジカの角は毎年８月下旬から９月上旬頃に完成して、冬を越した翌年の４月頃には落

写真7-2　スギに対する角擦り被害（左）と樹皮食害（右）

角擦り被害の場合には、樹皮に擦れた跡が残り易く、角が枝に当たるので枝元の樹皮が傷つく（左：黒三角部分）ことがよくあります。樹皮食害の場合には樹皮を下から上に引き剥ぐので、樹皮に擦れた跡が無く、剥皮部分に無傷の枝が残る（右：灰三角部分）こともあります。さらに、剥がされた樹皮片が地面に散らばることが少ないということも、被害タイプを判断する材料になります。ただし、植栽木が少し大きくなると、角擦り被害を受けた後に残った樹皮を食害される複合した被害がみられることもあります。

ちてしまいます。そのため、角擦り被害は夏の終わりから翌春にかけて発生するという特徴があります。

また、角を植栽木に押し当てながらゴシゴシと擦りつけるので、剥皮された部分の枝は折れていることが多く、その少し上に着いた枝の基部には角が当たった傷が残ります。この傷があれば角擦りの被害と判断できます（写真7－2、口絵8：黒

写真7-3　ノウサギの被害を受けたスギ幼齢木

ノウサギは歯が鋭く、噛み切ると切断面がナイフで切ったように見えます（a：主軸、b：枝先）。樹皮を採食する場合にも独特な半月状の歯形が残ることが多く（c：黒三角）、この歯形が残っていればノウサギ被害だと判断できます。ノウサギはかじり取るように樹皮を採食するため、剥皮される範囲はdのように狭いことが普通です。しかし、それらがつながってしまうと、シカの樹皮食害と見間違えるようなこともあるので注意は必要です。

三角）。角擦り被害は、造林地の中の作業道沿いに植栽されたスギなどで観察されることが多いのですが、造林地全体で被害が発生して大きな問題となることもあります。肝心の「なぜオスジカは角擦りをするのか？」については、オスジカの縄張りを示すマーキングだろうと考えられていますが、はっきりとした理由は分かっていません。

次にノウサギによる食害についてですが、九州では最近になって被害報告が増えてきました。ノウサギの食痕は、シカの食痕のように切断面がむしり取られたような跡（写真7－1左、口絵7左）にはならず、鋭利な刃物で切ったような断面になることが特徴的です（写真7－3a）。植栽した苗木の主軸上部が斜めに切り落とされ、その枝は食べられることなく近くに残されているのが典型的な被害形態です。採食するために主軸を切断した訳ではないことが不思議です。ノウサギも樹皮を採食するので、シカによるものと間違われることも珍しくありません。ノウサギによる被害は高さ20～40㎝くらいの範囲に多くみられますが、後ろ足で立ち上がると90㎝以上の枝先にも口先が届くことがあります。食痕の切断面が平滑で（写真7－3a、b）、剥皮された部分に半月状の歯形が残り（写真7－3c）、樹皮にかじり取られたような形跡があれば、ノウサギの被害と判断できます。

シカに食べられやすい高さ

林地に苗木を植えた直後はシカの食害を受けやすく、それが何度もくり返されると苗木は樹高を伸ばすことができず盆栽状になってしまいます。一方、造林木の主軸先端がシカの口が届かない安全な高さに達すると、それ以降は普通に成長していくことが知られています。「安全な高さ以下のどの高さがシカに一番食べられやすいのか？」、盆栽状になった造林木だけの被害地を調査しても、それを明らかにすることはできませんでした。

そこで、大分森林管理署と協力して、大きなシカ被害を既に受けていた造林地に、平均苗高が160cmのスギ大苗（写真7−4）を500本植栽して、シカに食害された枝葉の高さを1年間調べることにしました[1]。植栽直後の苗木の主軸先端の平均地上高は155cmでしたが、1年後には173cmとなり、食痕位置の調査に十分な高さにまで枝葉を展開した苗木となりました。

写真7-4　平均苗高160cmのスギ大苗

斜面傾斜が5度以下の平坦な場所に植えた65本のスギ大苗で確認した

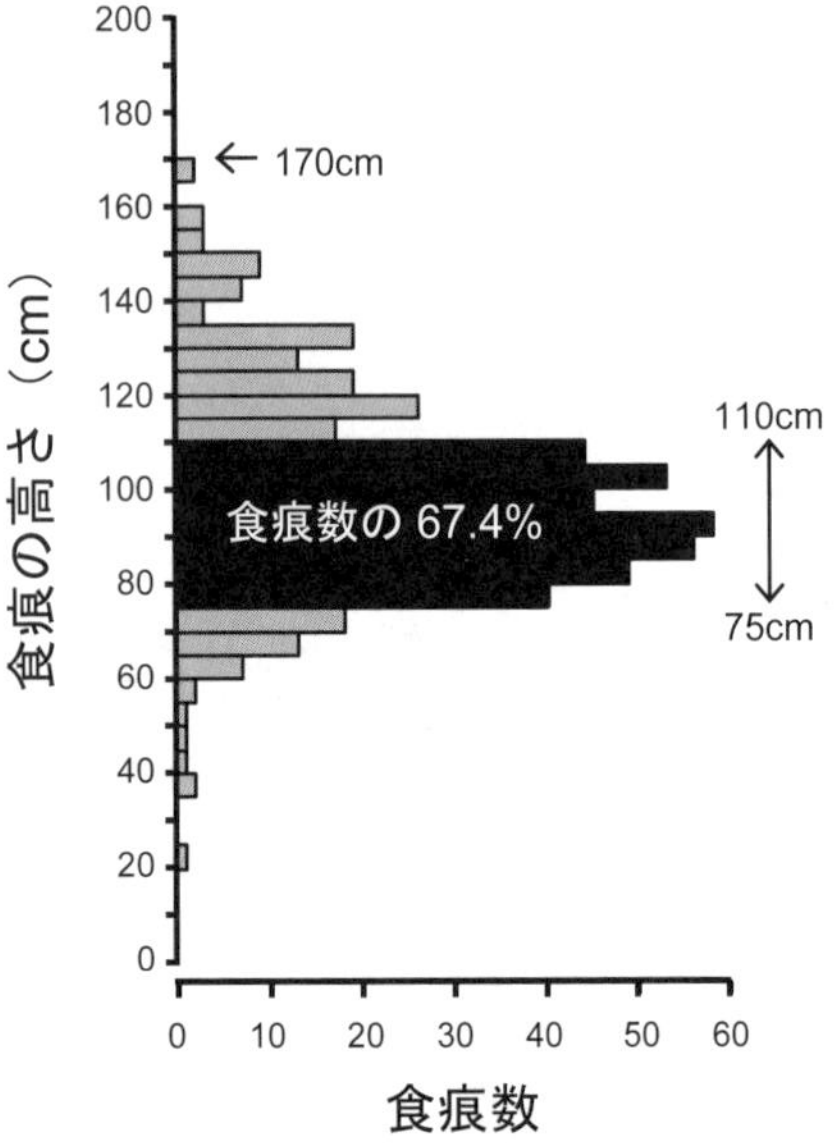

図7-1　平坦な場所での食痕の高さ分布

512個の食痕の高さ分布を図7－1に示します。高さ75～110cmの範囲に食痕の67・4％が集中し、この高さ範囲がシカに最も食べられやすい高さであることが分かりました。この高さは九州に生息するシカの肩の高さ（およそ80cm）から自然な頭の位置付近に相当します。

図7－1からは、さらに2つのことが読み取れます。ひとつ目は、高さが30cmから50cm程度の普通苗を植栽した場合、樹高が75～110cmの高さを超えるまでの期間は、主軸の先端が最も食べられやすい部位になるということです。主軸を食害されるとダメージが大きく、それがくり返されると、植えた苗木は食べられやすい高さ以上の樹高に成長できません。

２つ目は、食べられやすい高さを超えたとしても食害リスクがなくなるわけではないということです。食痕数全体の約５％は高さが１４０㎝を超える場所にあり、どのような状況で食害されたのかは分かりませんが、１７０㎝の高さの食痕も確認しました。シカの生息密度が高い林地では、採食される頻度も高くなるので、造林木の樹高が食べられやすい高さを超えていても注意が必要です。

斜面傾斜の影響

急傾斜地では平坦地に比べて、植栽木のより高い位置の枝葉で食害を受けることが、以前から知られていました。しかし、傾斜の緩急による被害高の違いについては定量的に評価されていませんでした。そこで、平坦地に植栽したスギ大苗を含めて、傾斜が5度以下から50度の範囲にある山腹斜面に植栽した２５０本についても、食痕の高さを1年間調べてみました[1]。

植えられた場所の傾斜が25度を超えると食痕の位置が上昇することが分かりました（図７－２上）。傾斜が40度を超える急傾斜地では、平坦地に比べて食痕の位置は40㎝程度高くなりました。また、傾斜が30度以上となる場所に植えられた大苗について、斜面上側と下側の食痕を

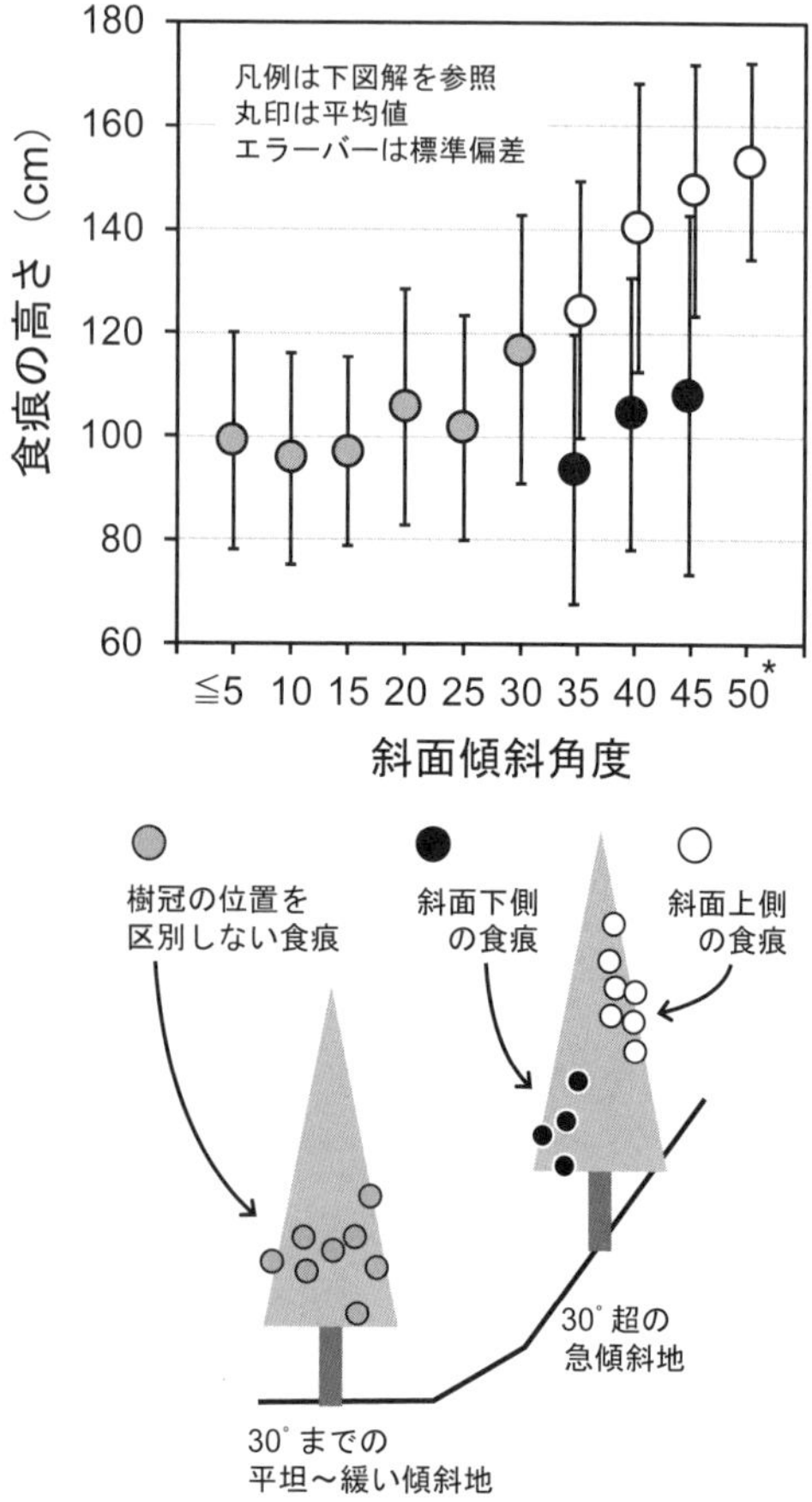

図7-2　食痕の高さに対する斜面傾斜の影響（上）と
樹冠内での食痕位置のイメージ（下）

＊：45 度を超える斜面に植えた大苗の植栽本数は少なく３本でしたが、斜面下側に食痕はありませんでした。

別々に集計したところ、食痕の総数の80％以上が斜面上側に分布し、斜面では造林木の上側からシカが採食することが分かりました。また、斜面の上側では造林木のより高い位置に食痕がありました（図７－２下）。

シカの口が届かない枝葉への食害

シカの体高と関係した食べられやすい高さを造林木の樹高が超えれば、主軸先端への食害は減少することが分かりましたが、まだ安心はできません。シカは口が届かない高さの枝葉を食べるために枝や主軸を折ることがあります。主軸が折られる被害の発生は多くはないようですが、激害となる場合もあります。食害の高さを調べたこの試験地でも、植栽した大苗５００本のうち70本（割合で14％）で主軸を折られる被害（写真７－５、口絵９）が発生しました[2]。

主軸を折られた部位の直径は８～15㎜程度で最大が15・８㎜でした。その最大直径は、大雑把には人差し指の太さに相当し、それ以上太ければシカは折ることができないようです。主軸が折られた高さは１２０㎝前後で、植栽された場所の斜面傾斜には影響されていないようでした。また、主軸を折られたスギの樹高は１５０～２００㎝に集中しており、被害を受けると樹

写真7-5　主軸を折られたスギ（左）と被害部位の拡大（右）
黒三角はシカの噛み跡を示す。噛み跡の幅は４㎝程度。

高が50㎝くらい低くなり、およそ1年分の成長量が失われることが分かりました。このような成長の遅延に加えて幹が曲がって樹形不良となる可能性もあり、主軸折りの影響は大きいと言えます。

ちなみに、自然林などにシカが高密度で生息していると、森林内の下層植生や樹木の下枝を食べ尽くして、高さが２００㎝程度にそろった見通しの良い空間が形成されることがあります。その空間の上端の高さはブラウズライン（もしくはディアライン）と呼ばれますが、シカの口がブラウズラインに直接届くとは思えません。ここで紹介した植栽木の枝や主軸を折る被害と似て、林内の低木や樹木の枝を口の届くところから折り取って採食した結果としてブラウズラインが形成されたと考えられます。

3. 対策：下刈りの工夫

再造林地で数多くの食痕を調査しているうちに、シカが造林木を餌として食べる採食行動の結果が食害となるのなら、造林木よりもシカが好む植物を林地に残せば食害を減らすことができないか……、ということに思い至りました。そもそもは15年くらい前になりますが、シカがたくさん生息している地域の皆伐放棄地で、天然更新した実生のスギが場所によっては雑草木と一緒に成長している様子をみたことがきっかけでした。また、九州の林業現場で防護柵が広く普及する以前のことですが、「再造林したけれどもシカの食害が激しいので更新を断念した。下刈りを中止して放置したが、数年して現場に行ったらスギが成長していた。」というような話を聞くこともありました。

そこから、シカの嗜好性の違いを利用した食害の軽減策を実現できないかと、いろいろと試行錯誤しながら研究を続けています。以下ではその経緯を紹介しますが、スギはヒノキに比べるとシカに好まれていないことを実感していたので、試験対象として効果がより期待できるスギを取り上げています。

無下刈りの効果

無下刈りでシカ食害を軽減しながら、雑草木と一緒に造林木を成長させる施業を検討するため、スギを植栽した林地に下刈りをしない無下刈区を設定しました。そして、スギの成長とシカ被害の状況を、通常施業の下刈区と比較してみました。下刈りをしないことから、スギが雑草木に埋もれて強い被圧を受けることを覚悟しなければなりません。いくらかでも被圧の程度が軽くなるよう、植栽するスギは苗高35㎝の普通苗の他に、苗高70㎝の中苗*を準備しました。

試験地は、標高が約1000mで落葉樹林帯となる宮崎県椎葉村の林地と、標高が600mで常緑樹林帯となる熊本県球磨村の林地の2カ所に設定しました。椎葉村の試験地では、下刈りの有無に関わらず、植栽1年目の冬に壊滅的な食害が発生してスギはほとんどの枝を失って枯れてしまい、試験は終了となりました。球磨村の試験地(3)では、下刈区では、枯れることはありませんでしたが、1年目と2年目の夏の下刈り直後から秋にかけての期間に激しい食害が発生しました。一方、無下刈区で食害が観察された個体数は下刈区の半数以下に限られ、食害の程度も軽く抑えられました（図7－3）。しかし、スギの樹高をみてみると、防護柵を設置してシカの侵入を防ぎながら下刈りを実施した処理区に比べて、無下刈区では発達した雑草木か

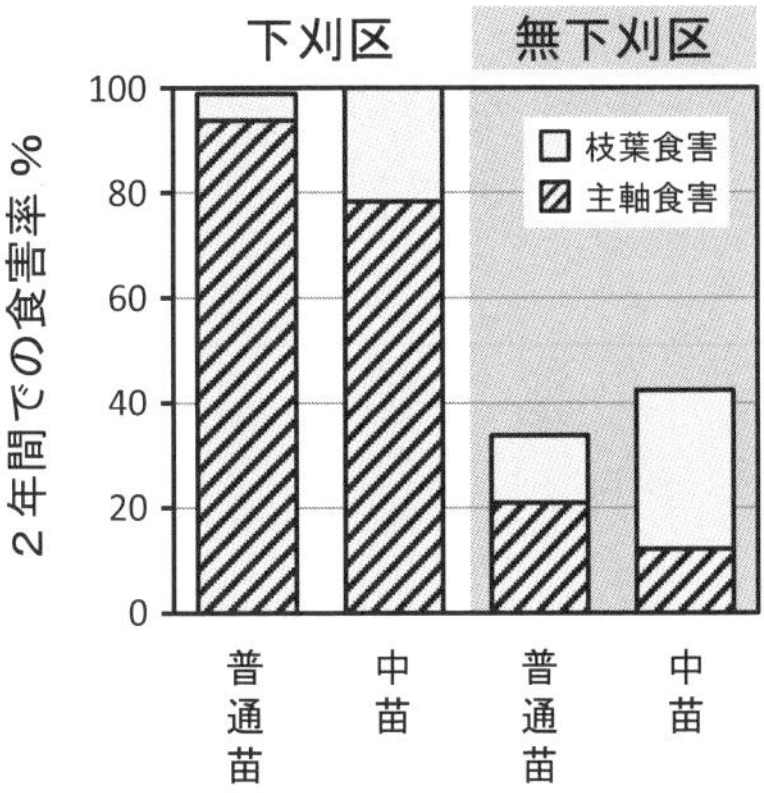

図7-3　食害率に対する下刈り処理と苗サイズの影響

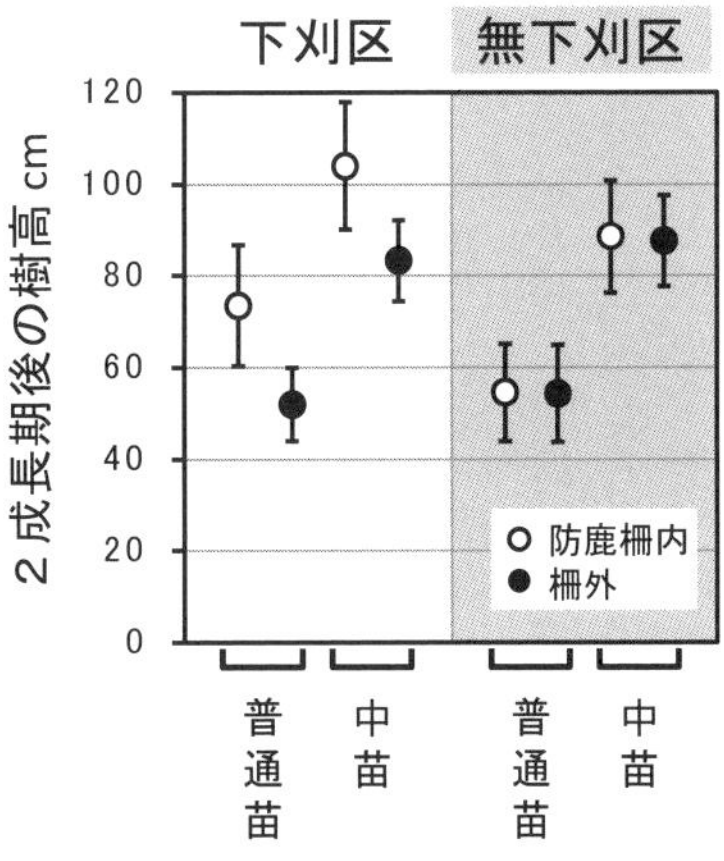

図7-4　スギ樹高に対する下刈り処理と苗サイズおよび防鹿柵の影響

丸印は平均値、バーは標準偏差を示す。

＊：中苗とは、普通苗の規格を超えた大苗と呼ばれる苗サイズの中で、苗高70～１００㎝の苗について九州森林管理局が呼び始めた名称です[4]。厳密には３５０ccのマルチキャビティコンテナで施肥管理しながら通常の育苗期間でその苗高まで育てたコンテナ苗のことを指します。本章では苗高が１６０㎝の大苗を扱うことから、この試験で使った70㎝の苗については中苗と呼びました。

ら強い被圧を受けて成長が明らかに抑制されていました（図7-4）。また、柵外については、下刈りの実施によって、雑草木による被圧からは解放されるもののシカの食害を強く受けたスギの樹高と、無下刈りでシカの食害の程度は軽いものの被圧の影響を強く受けたスギの樹高は同程度でした（図7-4）。コストと労力を掛けて下刈りを実施しても、無下刈りで放置したスギと樹高成長が同等であるなら、シカ被害対策として無下刈りの施業を検討しても良さそうに思えたのですが、4年目には無下刈区での被圧が強くなり、成林が危ぶまれたので雑草木をいったん刈り払ったところ、そのタイミングで激しい食害が発生してしまいました。

結局、無下刈りの施業でスギと雑草木の成長を上手くコントロールできないのであれば、シカの食害を軽減できたとしても、成林するかどうかは不確実となり、シカ被害対策の選択肢にはなり得ないとの考えに行き着きました。この試験で使った苗高70㎝の中苗は、普通苗に比べて食害の程度がわずかに軽い傾向はみられましたが、普通苗と比べて植栽後の樹高成長が優れることはなく、植栽後の数年間では、30～40㎝程度の植栽時の苗高差以上の優位性は得られませんでした。シカ被害を軽減する無下刈り施業には、もっと大きな苗を利用すべきだったと考えています。

シカ被害軽減を目指した高下刈り

前述の無下刈り試験で、高標高の落葉樹林帯の造林地では冬にシカの餌となる植物が植栽したスギだけになってしまい、下刈りの有無に関わらず大きな被害を受けました。一方、常緑樹林帯の造林地では冬でも緑の葉を着けた雑草木がシカの餌となるので、落葉樹林帯の造林地のように壊滅的な食害を受けることはありませんでした。ただし、無下刈りを続けると雑草木からの被圧が年々強くなりスギの成長に大きく影響してくることや、強い被圧を解除するための全面的な刈り払いの後で、シカの食害が一気に発生するといった課題がありました。

(1) 高く刈り払ってシカの餌を残す

そこで、無下刈りではなく、雑草木を高い位置で刈り払うことでスギへの被圧を緩和しながらシカの餌を残せば「スギの成長を確保しながらシカの食害を軽減できるのではないか?」と考えました。図７－５に示すように、高下刈りでは、スギ苗木の先端が雑草木に覆われないよう、膝くらいの高さでの刈払いを想定しています（膝上での刈払いは作業が危険になります）。スギでは、梢端が雑草木の高さも超えていれば樹高成長の低下は少ないといわれていますが、高

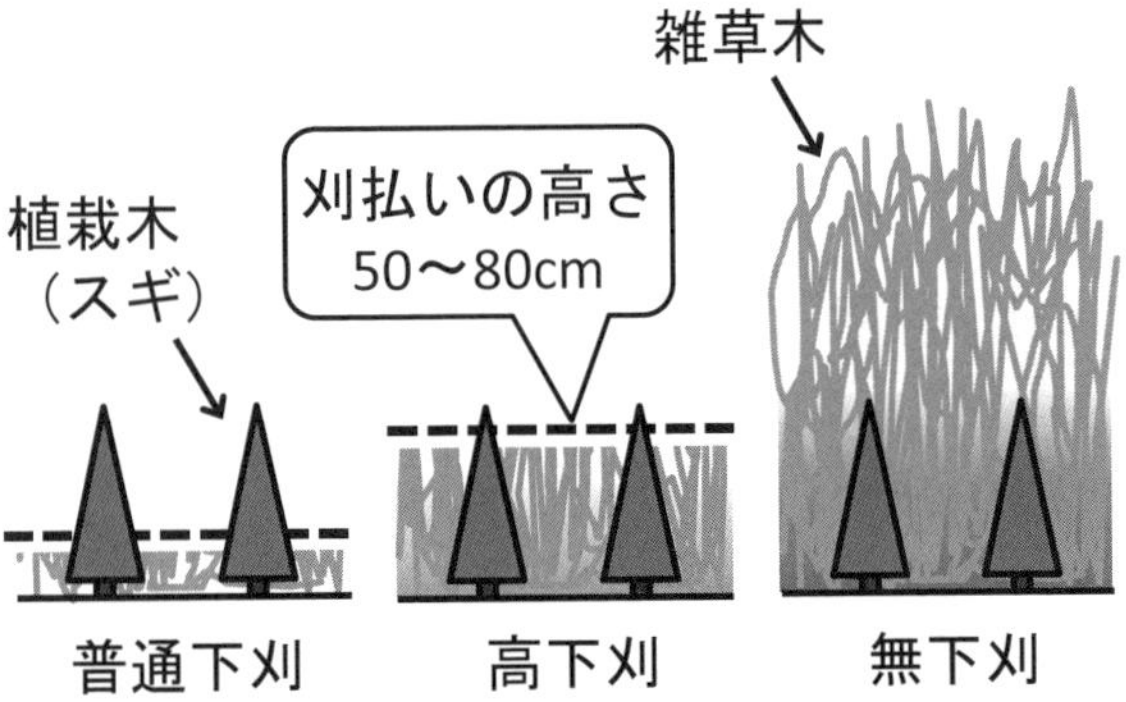

図7-5　刈払い方の違いについて（イメージ）

下刈りではなるべく大きめの苗木を利用する方が安全です。

(2) 高下刈りの作業性：軽労化と誤伐軽減

高下刈りでは、刈払機の刃を通常よりも高い位置で左右に振る作業を行います（口絵10）。刃を持ち上げることで作業の負担は増加する可能性がある一方で、刈払う雑草木の量は普通下刈りよりも少なくなり、作業時間が短くなることも期待されます。そこで高下刈りがどのくらい負担の大きい作業なのか、想定通りに作業ができるのかを、7カ所のスギの再造林地で検討してみることにしました。

各試験地では小面積の高下刈区画と普通下刈区画を設定し、1名もしくは2名で区画の刈払いを実施し、1人が1時間あたりに刈払える面積を計算しました。

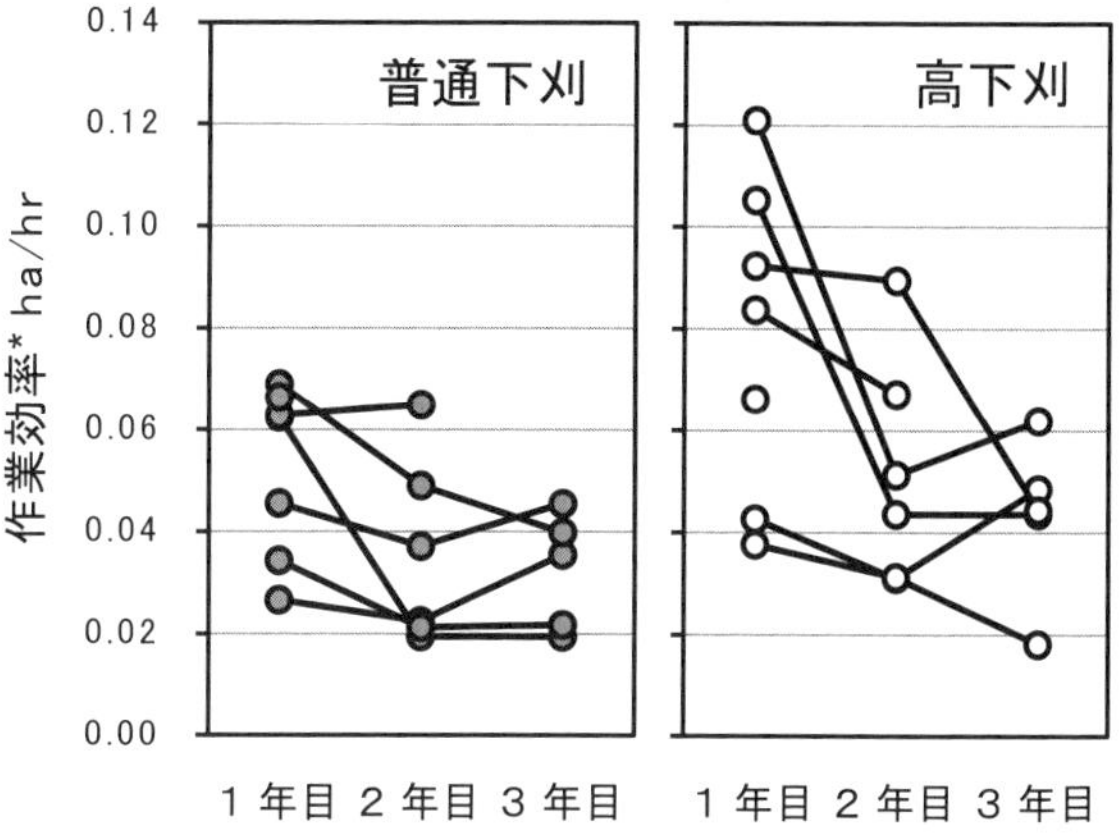

図7-6　刈払い方と作業効率の経年変化

＊：下刈りの作業効率は、雑草木の種類や林地の地形に加えて作業者の熟練度などによっても変わります。この結果は、小面積で実施した試験であり移動時間や休憩時間を考慮していません。刈払い方法の違いによる傾向や相対的な関係を示すものです。

また、造林木の誤伐の有無と誤伐の高さも合わせて測定しました。

試験地によって雑草木のタイプや作業者の熟練度などが異なるため、作業効率の絶対値はばらつきますが、高下刈りと普通下刈りのどちらも年ごとに低下する傾向がありました（図7－6）。高下刈りは普通下刈りに比べると作業効率が良い傾向にあり、特に1年目と2年目で顕著でした。平均的には、高下刈りは普通下刈りよりも作業効率が1・5倍程度良いと言えそうですが、刈払い作業の効率が低下する3年目は、高下刈りと普通

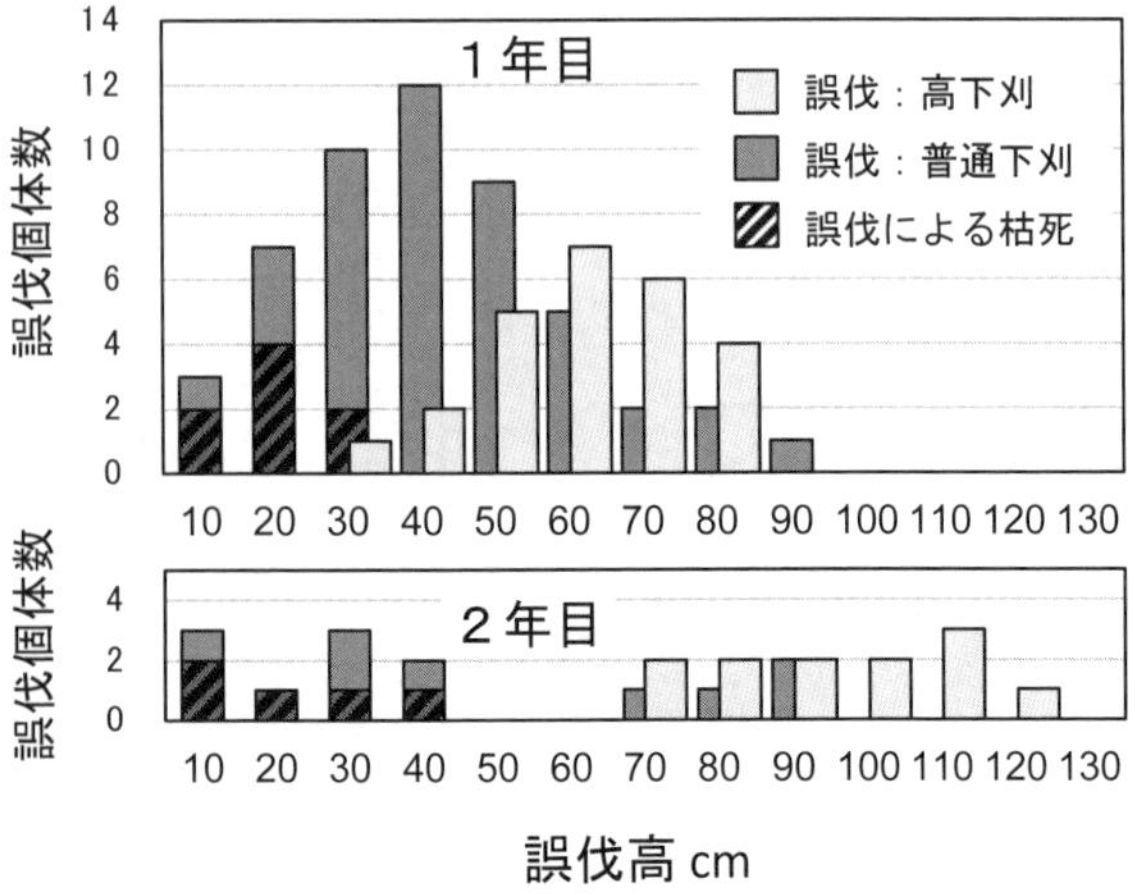

図7-7　1年目と2年目の誤伐個体の高さ分布

下刈りとの差も小さくなっていました。

作業に1回以上参加した20名程の作業者からは、「特に問題なく作業できた」「やり易い」という声とともに、「力が必要でやり難い」といった声もあり、刈払機を通常とは違う扱い方をする高下刈りには慣れが必要と思われました。また、雑草木が繁茂して株が大きくなった3年目には「足元が見づらい」との声もありました。作業効率や安全性の面から、高下りは、主伐後すぐに植えた1～2年目の再造林地のように、雑草木が強く発達する前の下刈りに適しているようです。

高下刈りには、誤伐が減る、誤伐の強度が下がるという利点もありました。誤伐は植栽木が小さい植え付け当年に発生しやすいのですが、試験地での1年目の誤伐率は、普通下刈りが15・９％であったのに対して、高下刈りでは６・３％でした。高下刈りでは、主軸の梢端に近い高さで誤伐が発生しており、主軸は無傷で枝先が少し刈られたような程度の軽いものが多く含まれていました。このため、この試験では誤伐を受けて枯死してしまう造林木は発生しませんでした（図７－７）。また、高下刈りでは刈払い機のキックバックが明らかに減少しました。

（３）高下刈りの下刈り効果：雑草木の抑制とスギの成長

高下刈りは、シカがスギよりも好む雑草木を林地に残すための下刈りです（口絵11）。普通下刈りであれば、スギの成長量を最大化することが目的なので、スギへの被圧が最小となるよう、雑草木の再生力を抑えるために地際から刈払います。もし、高下刈りで刈り残した雑草木の再生力が強く、高い位置から急激に成長してスギを被圧するのであれば、下刈りとしては推奨できません。そこで、雑草木の発達状況とスギの成長に与える影響についても、高下刈りの試験地で調査を行いました。

図７－８（左）に示すように、無下刈りだと先駆性のカラスザンショウなどが樹高成長を続け、３年目の夏には雑草木の平均樹高が３・５ｍに達しました。高下刈りでは、普通下刈りと比べ

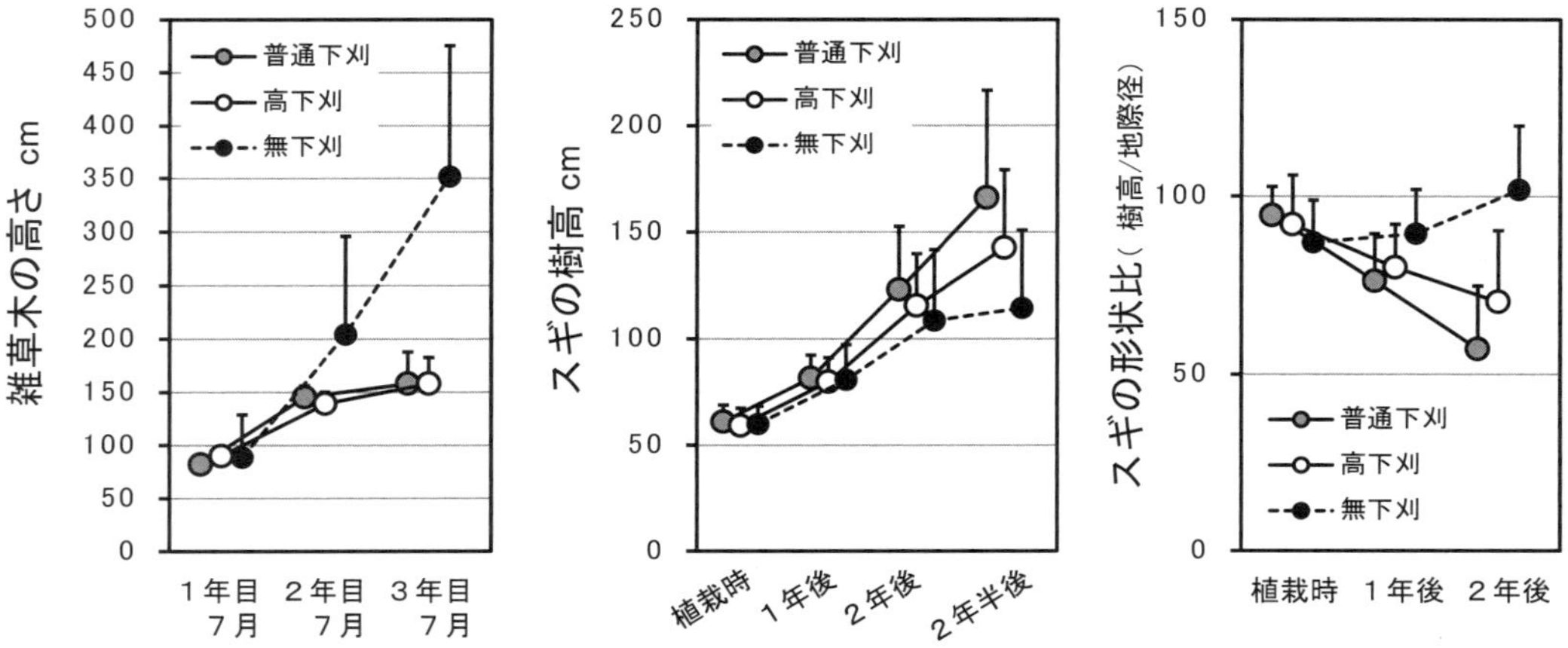

図7-8　刈払い方の違いと植栽から３年目までの雑草木の高さ（左）とスギの樹高（中）およびスギの形状比（右）の変化

丸印は平均値、バーは標準偏差を示す。

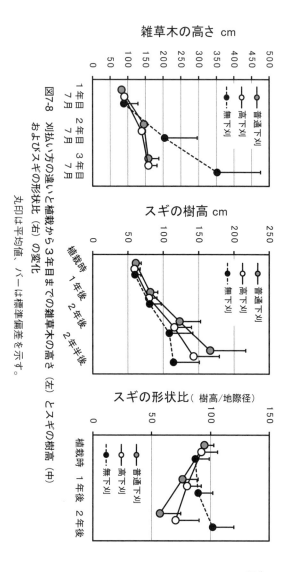

て雑草木の高さに違いはみられませんでしたが、多様な植物を林地に残すことができました。

高下刈りでは普通下刈りよりもスギの樹高成長がやや劣りましたが、無下刈りのように樹高成長が頭打ちになるような強い被圧の影響はありませんでした（図７－８中）。樹高と地際直径の比である形状比をみても、無下刈りでは時間経過とともに高くなっていくのに対し、普通下刈りと高下刈りでは低くなる傾向にありました（図７－８右）。高下刈区のスギの形状比が普通下刈区よりも高いのは、高下刈りでは普通下刈りよりも雑草木が水平方向に繁茂し、スギの樹冠を側方から被圧している可能性が推察されます。このような高下刈区のスギの形状比が高くなる傾向は、他の試験地でも確認されました。

（４）高下刈りのシカ被害軽減効果

高下刈りは植栽直後の作業効率が高いこと、林地に多様な雑草木を残しながらも造林木と雑草木の競争を緩和するという下刈り本来の効果も見込めることが明らかになりました。しかし、肝心のシカ被害軽減の効果はあったのでしょうか？　このことについて複数の地点で検証することにしました。

２０１７年から先行して調査を開始した試験地（０・５ha）に加えて、２０１９年には、防護柵を設置して植栽された6カ所の造林地に試験地（0・05～0・2ha）を追加しました。追加した試験地では、試験地の一部で防護柵を開放して試験区画にシカが侵入できるようにしました。試験地は標高が520～640mの範囲にあり、それぞれで普通下刈りと高下刈りの処理区が二反復（総植栽本数は160本、先行試験地は三反復で総植栽本数は1200本）含まれています。植栽したスギに対するシカの食害痕を刈払い試験の直前に確認しておき、刈払い以降に新しく増えた食害痕を成長休止期に確認して記録しました。

　図7－9に7試験地のシカ食害率について、普通下刈りと高下刈りとの関係を示しました。多くの試験地で食害率は1：1のラインの下側にプロットされ、普通下刈りよりも高下刈りで食害率が低くなっていました。一方で、高下刈りの効果が確認できない試験地（主軸食害の№2、№3、№7）もあったことから、その効果が確実とは言えませんでした。（そもそも№3や№7の主軸食害率は低く、80本の試験個体のうち1～5本が食害されたかどうかの比較でした。高下刈りの効果を検出することは難しかったかもしれません。）試験地№2は№1とともに、枝葉込みの食害では80％以上の食害率を記録した被害の大きい試験地でしたが、№2での主軸食害率は下刈り方法に関わらず41％でした。№1の主軸食害率は高下刈りで低下したとはいえ、普通下刈りでの75％が55％になっただけであり、そもそもの食害率が高い場合には、高下刈りで食害率を大

幅に低下させることは難しいと思われます。

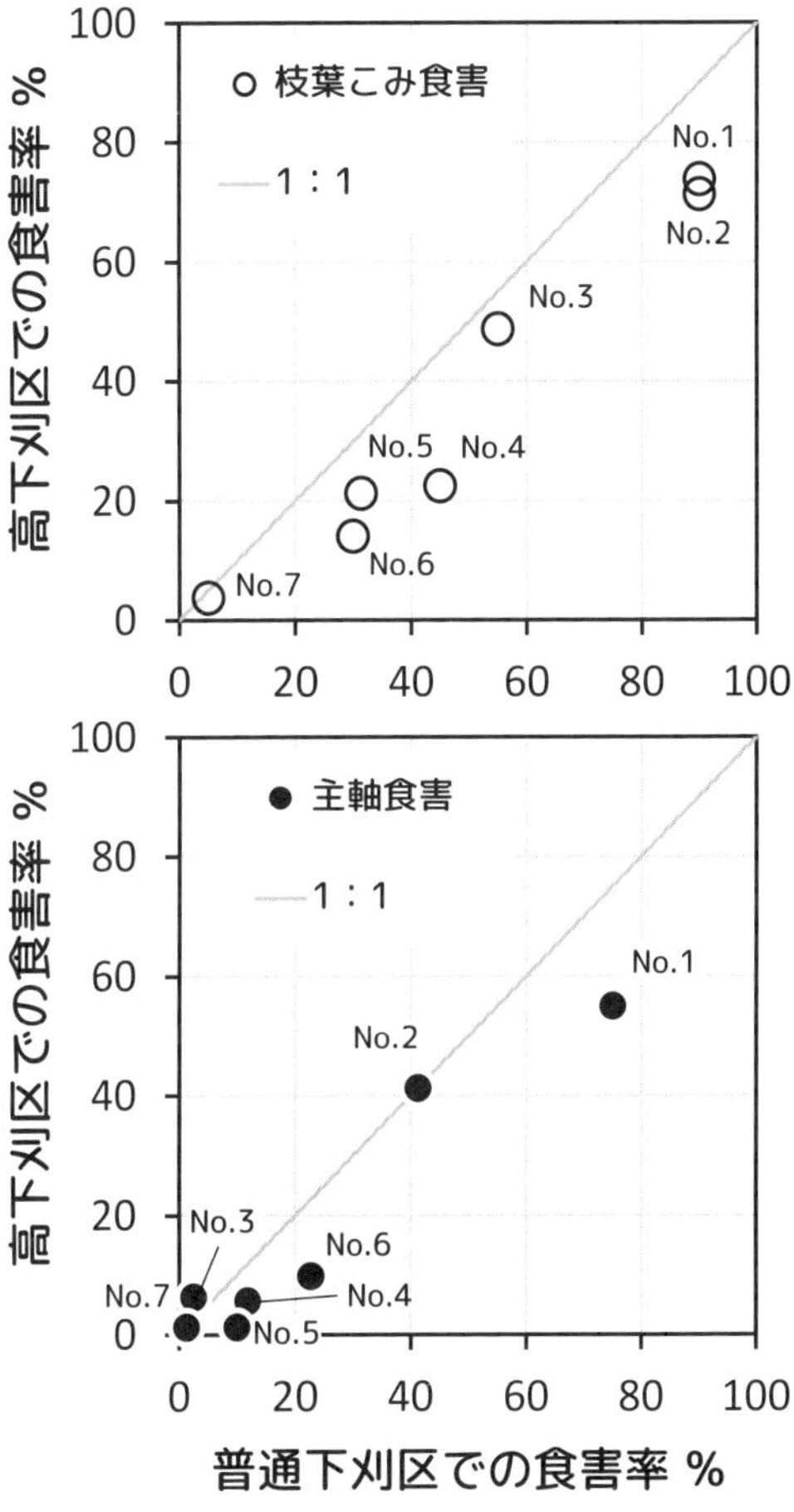

図7-9　刈払い方の違いとシカ食害率の関係

主軸先端を含むいずれかの枝先に食害を受けた個体（上）と、主軸先端を食害された個体だけ（下）を分けて食害率を示す。

（5）高下刈りはどこで使えるか

今回の高下刈り試験地で得られた結果からは、「高下刈りにはシカ被害を軽減する効果はあるが、シカ被害強度が高い場合には十分な効果を発揮することは難しい」と言えます。食害を強く受ける再造林地であれば、高下刈りでシカの餌資源を一定程度林地に残せたとしても、造林木が食害を受けないレベルにまで食害を軽減できそうにはありませんでした（図7－9：№1、№2）。しかし、中程度の食害を受ける再造林地では、高下刈りが食害の軽減に効果がありそうです（図7－9：№4、№5、№6）。

もし、事前にシカ被害の強度を精度良く判定することができれば、効果の見込める再造林地で高下刈りを有効に活用できるようになるでしょう。現在、シカの痕跡（フィールドサイン）を点数化して、シカ被害レベルを事前に予測する研究（本章147頁以降）が進められており、その成果に期待しているところです。

しかし、高下刈りには特別な準備や資材は必要なく、コストの掛かり増しがないことも特徴のひとつです。シカ被害の発生が懸念されるのであれば（それが防護柵の中であっても）、普通下刈りに代えて高下刈りを実施することは、より良い結果につながると期待されます。

写真7-6　シート型の保護資材を施工した４年生スギ林分

4．対策：単木防護

現在のシカ被害対策は、造林地全体を防護柵で囲んでシカの侵入を防ぐことが一般的です。他にも単木保護などいくつか対策がありますが防護柵に比べてあまり知られていません。単木保護とは、植栽した苗に筒状の保護資材を被せてシカ被害から１本ずつ守る方法で、保護資材にはシート型とネット型があります。保護資材はツリーシェルターとも呼ばれます。十年前くらいから施工例（写真７－６）が増えてきたので事例調査(5)を行いました。

シート型の保護資材（資材高１４０cm）

写真7-7　保護資材施工地のシカ採食影響

a：保護資材を施工したスギとシカの採食で盆栽状の雑木
b：保護資材を外して激害を受けたスギ苗

をスギに適用した施工地を対象として、九州・四国内の2～7年生の47施工地で保護資材の状態に加えてスギの成長やシカによる被害の状況などを調査しました。施工地には比較対象となる保護資材をつけないスギがなかったため、厳密に言うと資材の保護効果を評価できませんでした。しかし、施工地の雑草木がシカの採食で盆栽のような形をしていることや（写真7－7a）、一部の保護資材を外したスギ苗が激しい食害を受けている状況（写真7－7b）から判断すると、多くの施工地でシカの食害からスギを保護していることが推測されます。

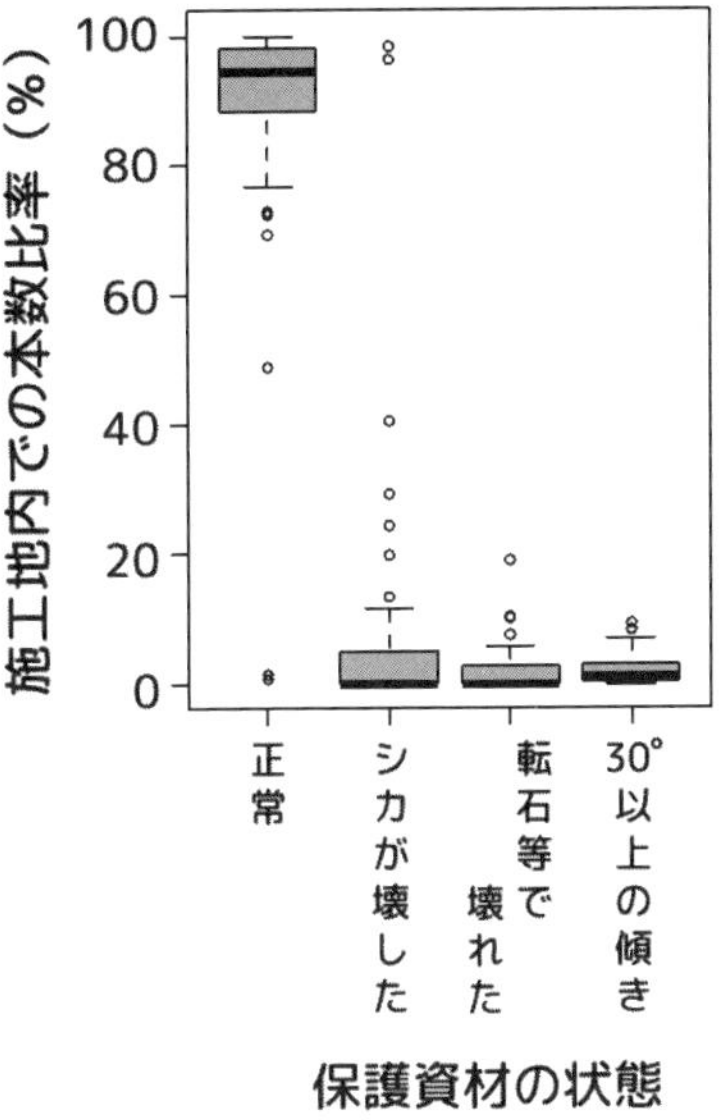

図7-10　施工地内の保護資材の状態

保護資材の状態

苗は保護資材の中で成長するため、資材が破損せずまっ直ぐに立っていることが重要です。資材が斜めに傾けば苗は資材の傾きのまま成長し、資材が倒れれば苗は枯れてしまいます。図７－10に保護資材の状態を調べた結果を示します。大きく傾いたり、破損したりした資材もありましたが、多くの施工地では８割以上の資材が正常な状態で、資材の施工状況もおおむね良好でした。

傾いたり、破損したりした原因には、台風などの強風や落石などの影響の他にシカの影響が推定されました。事例は多くありませんが、シカがほとんどの保護資材を壊してしまうこともあるので、資材による保護機能に限界があることには注意が必要です。シカが資材の中にあるスギを採食する目的で資材を破壊した事例では、資材を組み合わせた部分を噛んで開けたり、筒を引き上げたりするとか、資材を押し倒すような壊し方をしていました。

スギの活着と成長

シート型の保護資材の場合、「蒸れ枯れするのではないか?」と問われることがありますが、今回調査した九州・四国の施工地における枯死率は平均10%程度でした。枯れた個体のほとんどは植栽時の樹高と同程度だったので、活着不良が原因だと推定しました。しかし、平均的な活着不良の割合に比べるとやや高い数値にも見受けられるので、もう少し調べる必要があります。

図7-11に植栽後の年数が同じ施工地をまとめてスギの平均樹高を示します。保護資材が正

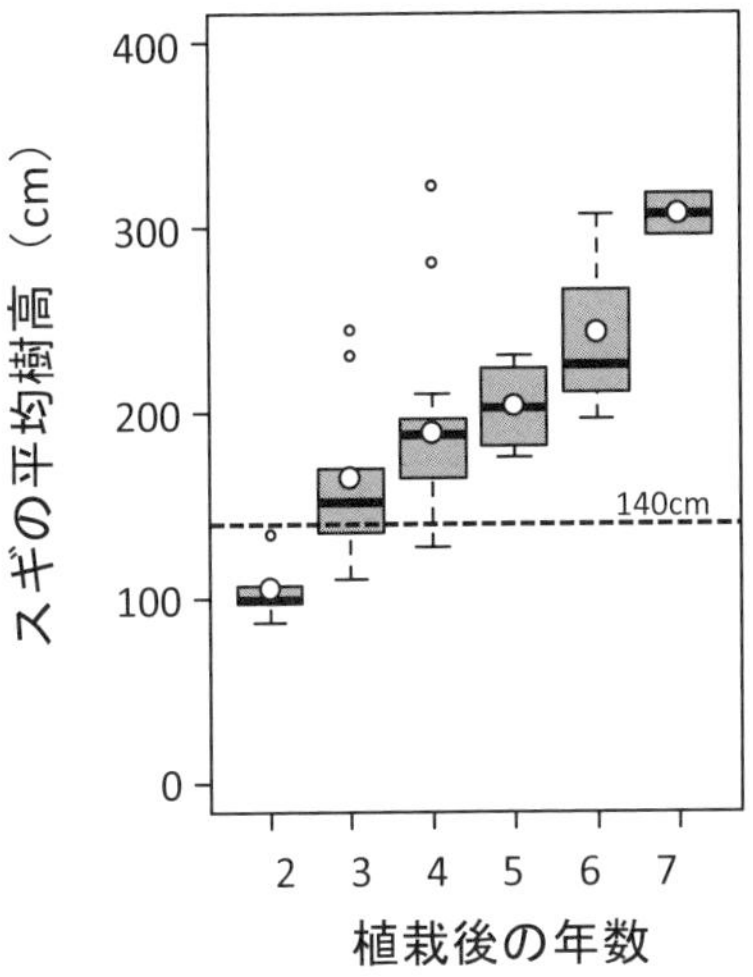

図7-11　植栽後の年数とスギの樹高

140㎝は保護資材の高さ。丸印（大）は平均値。箱ひげ図の丸印（小）は外れ値。箱の太線は中央値、上端と下端は第三四分位と第一四分位、バーの上端と下端は外れ値を除く最大値と最小値。

常であり、激しいシカ被害を受けていないスギの樹高を平均しました。ヒノキでは資材の中で主軸が曲がる報告がありますが、今回調査したスギでは同様の樹形異常はほとんど確認されませんでした。資材高を超えるまでの成長は早く、およそ３～４年で平均樹高が１４０㎝の資材高を超えていましたが、日当たりの悪い林地では成長が遅れるようです。シート型の保護資材は温室効果で成長が早いと言われますが、寒い時期に内部の温度が暖かいことよりも、シートに寄りかかって直径成長を後回しにして樹高成長を優先させていることの影響が大きいかもしれません。成長は葉量に比例するため、保護資材をつけないスギに比べて葉量が少ない施工地のスギは、資

写真7-8　保護資材施工地で発生したシカ被害

a：保護資材を壊して中のスギを食害。b：資材高を超えた枝を引き出す被害。c：引き出された主軸がそのまま成長した樹形異常。

材の高さを超えてからの成長は一時的に鈍化するようです。10年程度経過すれば、保護資材の有無では樹高に優劣はつかないことが多いと思われます。

シカ被害の状況

シカ被害のうち、保護資材を破壊して内部のスギを食害（写真7－8a）したり、資材を超えた枝葉を引き出して食害（写真7－8b）したりする場合などを激害と判定しました。保護資材が壊された場合、スギの大部分は枯れ、主軸が引き出された場合には幹がクランク状に曲がる樹形異常（写真7－8c）になる可能性が高くなります。

資材を壊された施工地はシカ生息密度が非常に高い地域に限られていましたが、主軸が引き出される被害は多くの施工地で確認されました。

単木保護は植栽木をシートやネットで物理的に保護しているので、剥皮被害に対しても非常に効果的です。ただし、資材の高さを超えて成長した枝葉については無防備と言わざるを得ません。平坦地でシカが採食しやすい高さは75〜110cm程度と推定されますが、頻度は低くても160cmくらいまでは採食が可能です[1]。傾斜地であれば、さらに容易に届くことになるため、どの施工地でも主軸を引き出す被害の発生リスクがあります。被害の発生量や程度は、施工地のシカ採食圧に影響されるでしょう。

単木保護で気をつけること

単木保護は保護資材が高価なので、コストを考えると低密度植栽が適しています。しかし低密度で植栽した場合には、できるだけ植栽木の損失がないよう、点検や補修にはより注意が必要になるでしょう。九州・四国では台風が頻繁に通過するので、風当たりの強い立地に施工するときには注意が必要です。より資材高の高いタイプは施工例が少ないため、施工性や強度などの情報が不足しています。

写真7-9　資材撤去が遅れた状態
（9年生スギ）

また、資材撤去のタイミングも重要です。シートを噛み合わせて筒状にする保護資材であれば、スギが太ると6～10年程度で留め具のリングや結束バンドが切れてシートが外れます。写真7－9にその状況を示しますが、支柱が斜めになっているのは根元が支柱を巻き込んだ証拠です。こうなると支柱を抜くことは困難なので、こうなる前に資材は撤去すべきです。

5．再造林地のシカ被害リスクを簡単な指標で評価する

はじめに

シカの生息個体数の増加や生息範囲の拡大は、多くの地域で自然植生や人工林に深刻な影響を与えています。人工林での被害は大きく２つに分けられ、植栽後の枝葉採食と、成林後の樹皮剥ぎや角擦りによる被害があります。枝葉採食は、植栽した苗の樹高がシカの口が届く高さ（おおよそ２ｍ未満）を超えるまでが深刻な被害となります。シカによる枝葉の採食強度が高ければ、成長の阻害だけでなく、採食の繰り返しによって盆栽状や棒状の樹形（写真７－10）になり、枯死する場合もあります。そのため、シカの生息が確認される再造林地では、植栽木を保護するために防護柵を設置することが一般的です。しかし、防護柵の設置だけでは、植栽したスギやヒノキの苗をシカ被害から完全に防ぐことは難しいのが実状です。

設置した防護柵は、高い確率で土砂の流れ込みや倒木、イノシシの突進などによって、ネットに穴が空いたり支柱が倒れたりして、防護柵のなかでも採食被害を受けた植栽木を見かけます。そのため、防護柵は設置だけでなく、その後の定期的な見回りとメンテナンスが必要とな

写真7-10　採食の繰り返しによって盆栽状（A）および棒状（B）になったスギ植栽木

ります。このように、シカの生息する地域では、防護柵の設置、その後のメンテナンスなどコストが掛かり、再造林の妨げや林業経営の損失となっています。今後、再造林コストの削減を目指すなかで、シカ被害対策のコスト削減や費用対効果の高い対策手法の提示が必要です。

防護柵を設置した再造林地でのシカ被害は、シカの生息密度が高いところで発生しやすいことが報告されています[6][7]。これは、前述のように防護柵が破損した際に、生息密度が高いところほどシカが再造林地内に入る可能性が高いためと考えられます。そこで、再造林地周辺のシカの生息密度や出現頻度を予測し、これらの強度に応じた防護柵の設置やメンテナンスができれば、設置や維持管理コストの削減につながると考えられます(8)。

シカの生息密度や出現頻度は、糞粒法や糞塊法、区画法、カメラトラップ法などで推定されていますが、1カ所の調査に半日以上の時間を必要とし、簡単に多くの地点を調査することは困難です。一方で、シカが残す糞や足跡などの痕跡、下層植生の状況を調べて、簡単に森林へのシカの影響を評価する方法があります(9)(10)。そこで、再造林地周辺のシカ生息密度や滞在頻度に類する指標として、北海道で実施されている簡易なチェックシートを用いたシカの痕跡によるシカ影響評価(10)を参考にして、シカの糞や食痕などの痕跡の分布から、九州などの常緑広葉樹が優占する地域で、人工林に対するシカの影響度合をより簡便に把握する手法を開発しました(11)。

シカの痕跡を調査する

シカが生息する森林には、糞や足跡など様々な痕跡が残ります。これらの痕跡は、シカの生息密度が高いほど、シカの滞在頻度が高いほど、多く残ると考えられます。そこで、一般的に

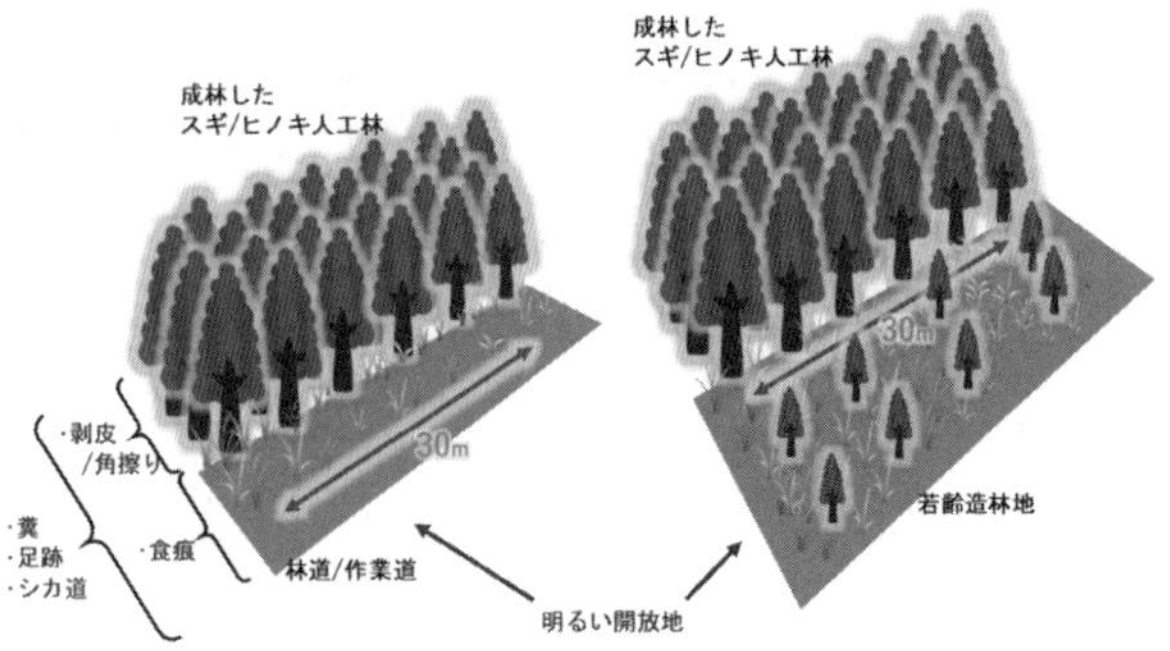

図7-12　DIScoの調査場所のイメージと調査する痕跡

みられ、簡単に観察できる5つの痕跡（糞、採食痕、剥皮痕、足跡、シカ道）に着目し、これらの有無または多寡を記録することにしました。

シカの滞在頻度や森林内に生育する植物は森林タイプや光環境などによって異なります。調査地の環境条件を揃えるため、痕跡は成林したスギまたはヒノキの人工林（おおよそ15年生以上の林分）および隣接する明るい開放地（林道または若齢の造林地など）で調査しました（図7-12）。調査は、スギまたはヒノキ人工林と開放地の林縁に沿って30m程度を歩きながら、見渡せる範囲（おおよそ10m程度）で林内に入りながら痕跡を観察します。

調査する痕跡は、スギまたはヒノキの成木に対する剥皮および角擦り痕（剥皮痕）、明るい開放地での下層植生に対する採食痕（食痕）、林床に落下しているシカ糞（糞）、シカの足跡（足跡）、シカが繰り返し歩いて道状になった跡（シカ道）の5つです（表7－1）。

剥皮痕は成林したスギまたはヒノキの林内で剥皮または角擦りの痕を、食痕は明るい開放地で下層植生（シカの口が届く1.5m程度より低い植生）に対する採食の痕を、糞は林内および開放地で地上に落ちている糞を見かける頻度を観察し、「なし」・「わずか」・「目立つ」の3段階で記録します。「なし」はそれぞれの痕跡を見つけられない、「わずか」はそれぞれの痕跡が周囲を歩き回って探さないと見つからない程度、「目立つ」は意識しないで簡単に目につく程度としました。足跡およびシカ道は、林内および開放地でこれらの有無を記録します。

表7-1　調査項目とシカ影響スコア(DISco)

痕跡	程度	点数
剥皮/角擦り	なし	0
	わずか	1
	目立つ	3
食痕	なし	0
	わずか	2
	目立つ	3
糞	なし	0
	わずか	1
	目立つ	3
足跡	なし	0
	あり	2
シカ道	なし	0
	あり	2
シカ影響スコア「DISco」		0～13

シカの痕跡に点数をつける

現場でシカの痕跡を記録したら、5つの痕跡の多寡と有無について表7－1のように点数をつけます。この点数は、各痕跡の多寡および有無を多重対応分析（MCA）というカテゴリカルデータを数量化する統計手法によって、各痕跡間の相対的な関係性から重み付けし算出しました。さらに、この5つの痕跡の得点を足し合わせた合計得点をシカ影響スコアとし、英訳（Deer Impact Score）の各単語の頭文字をとって『DISco』と名付けました。各調査地点でのDIScoの値は0～13の範囲となり、値が大きくなるほど、その林地へのシカの影響度合が高いことを表します。

再造林でのシカ被害リスクの予測

DIScoと再造林地でのスギ植栽木のシカ被害の関係を、九州および四国地域の防護柵が設置された3年生以下の造林地237カ所で、森林管理局や森林整備センターに依頼し、チェックシート式の調査を行いました。

再造林地でのシカ被害は、わずかでも植栽木に対する採食被害が見られる林地を「被害あり」としました。また、シカによる採食被害が大きな林分では、植栽した苗が盆栽状や棒状（写真7－10）になったりして、その後の成長が期待できないだけでなく、成林しない恐れがあります。そこで、再造林地のなかで盆栽状または棒状になった植栽木が目立つ（意識しなくても容易に確

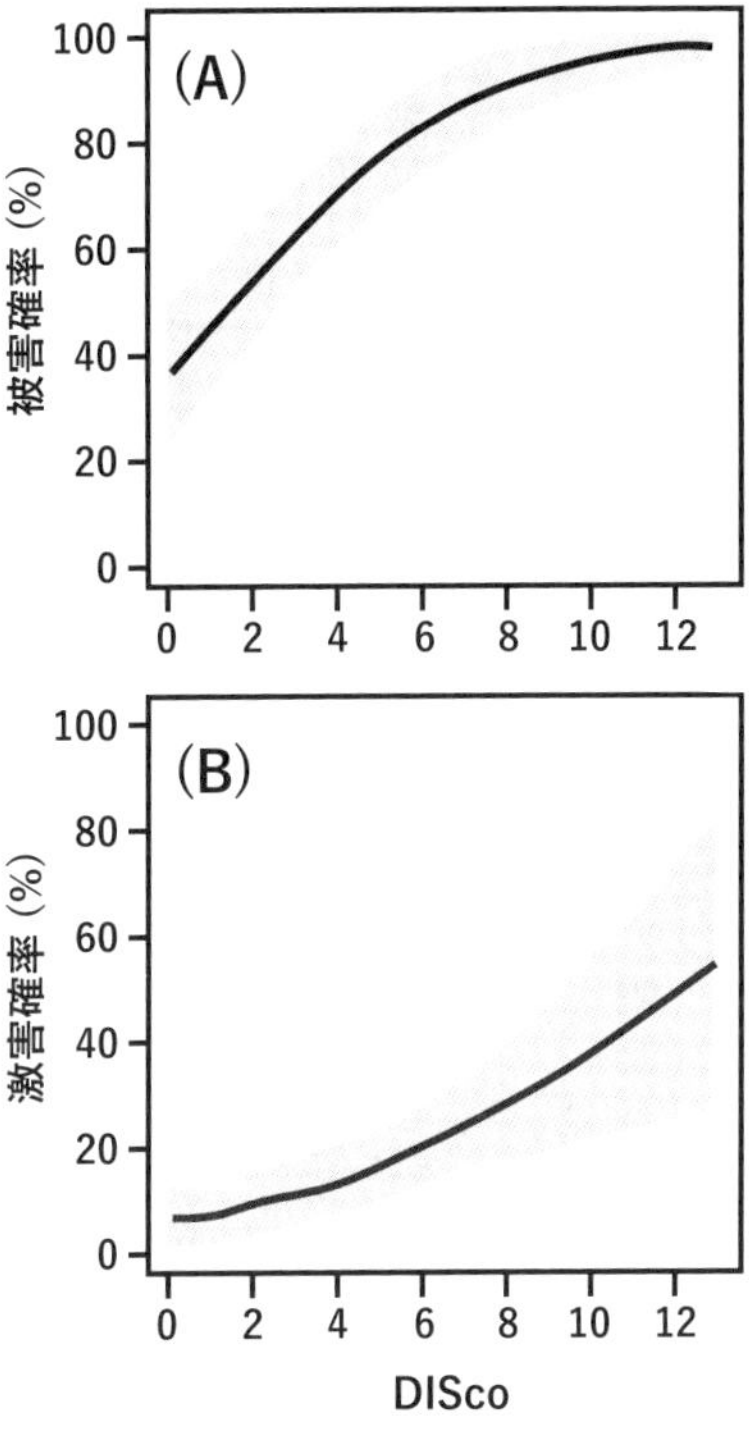

図7-13　ロジスティック回帰分析で示されたDIScoと再造林地での被害確率(A)と激害確率(B)の関係（Yamagawa et al. 2023 (11) を改変）

認できる程度）林地を「激害」としました。おおよそ、造林地内で3割以上の植栽木が盆栽状および棒状である場合に「激害」と判断されているようです。

そこで、防護柵の破損がみられた再造林地のデータを用いて、シカによる採食被害の「被害あり」と「激害」になるかどうかと周辺林分で調査されたDISCoの関係をロジスティック回帰分析で解析しました。その結果、DISCoの値が高い再造林地ほど、「被害あり」および「激害」となる確率が高くなることがわかりました（図7－13）。特に、DISCoが8を超えると、ほとんどの再造林地で被害が発生し、「激害」となる確率も30％を超えてきます。また、防護柵が破損していない再造林地では、DISCoが高くても「激害」となる確率は高くなりませんでした(12)。このように、痕跡の簡単な調査によって求められたDISCoは、防護柵を設置した再造林地におけるシカによる植栽木の被害リスクを大まかに予測することができそうです。

シカ被害リスクに応じた管理

前述のように、設置した防護柵は高い確率で破損が生じ、DISCo値が高い地域ではシカによる採食被害を受けるリスクが高くなります。また、シカの採食圧の高い地域では、ツリーシェルターのような単木保護資材を使っても、採食被害を受ける可能性が高いことも報告されています[13][14]。そのため、ＤＩＳｃｏが高い地域では、皆伐−再造林よりもシカの捕獲を優先的に実施し、事前にシカの採食圧を低下させることが必要となるでしょう。また、ＤＩＳｃｏ値に応じて、防護柵の設置や防護柵の強度、見回り頻度を変えたりすることでシカ被害対策のコスト削減につなげられると考えられます。例えば、被害リスクの低い地域では防護柵を設置しない、高リスクの地域ではよりシカが侵入しにくいスカート付ネットや高強度繊維が編み込まれたネットを設置する[15]など、被害リスクに応じた防護柵の選択が挙げられます。また、被害リスクの高い地域では、高頻度での見回りが必要になるでしょう。

まとめと課題

このＤＩＳｃｏを用いた調査は、林の奥に入らずとも林道周辺で気軽に実施できることを想定しています。また、慣れてくると１カ所あたり10分程度で行うことができます。そのため、他の用事（作業）で現場に行った時に、ついでに周辺を歩きながら観察することで調査することが可能です。また、広域を多点で調査することによって、シカ影響リスクマップを作ることも可能になります。

DISCoは前述のように、誰でも簡単に調査できることを目指して開発しました。今後、再造林地での被害リスクの予測精度をさらに高めるためには、もうひと工夫必要になります。シカによるスギやヒノキなどの植栽木への採食被害は、シカの行動を左右する周辺の景観構造（林分配置）や植栽木より嗜好性の高い植物の有無によっても異なると考えられます。そのため、植物種の同定スキルを身につけ、再造林地周辺に生育する植物種のシカの採食嗜好性を見極めることも必要でしょう。

引用文献

(1)野宮治人ほか（2019）植栽したスギ大苗に対するシカ食害痕の高さ分布は斜面傾斜に影響される，日林誌101：139-144.（https://www.jstage.jst.go.jp/article/jjfs/101/4/101_139/_pdf/-char/ja）

(2)野宮治人ほか（2020）キュウシュウジカによるスギ幼齢木の折損被害の特徴，日林誌102：202-206.（https://www.jstage.jst.go.jp/article/jjfs/102/3/102_202/_pdf/-char/ja）

(3)野宮治人ほか（2013）無下刈りによるシカ食害の軽減とスギ苗の成長低下，九州森林研究66：54-56.

検索キーワード

- 造林地のシカ被害と対策
- シカの苗木食害の高さと特徴
- シカの樹皮剥ぎと角擦り
- シカの採食と嗜好性植物
- シカ防護柵とツリーシェルター
- シカ影響の評価とスコア
- シカ害防除マニュアル

(https://jfs-q.jp/kfr/66/320.pdf)

(4) 山下義治（２０１９）コラム６：「中苗」を用いた低コスト再造林の試行，中村松三ほか（編），低コスト再造林への挑戦，日本林業調査会，pp１３５.

(5) Nomiya H. et al.（２０２２）Survival and growth of Japanese cedar（Cryptomeria japonica）planted in tree shelters to prevent deer browsing: a case study in southwestern Japan, Journal of Forest Research 27：200-205.

(6) 酒井敦ほか（２０２２）シカ防護柵を設置した四国のスギ・ヒノキ再造林地における植栽木の被害．森林立地 64(1)：23－29.（https://www.jstage.jst.go.jp/article/jjfe/64/1/64_23/_pdf/-char/ja）

(7) Iijima H, Oka T（2023）Fences are more effective than repellents in reducing deer browsing on planted two

conifer species but their effectiveness is reduced by higher deer density, deeper snow, and steeper slope. Forest Ecology and Management 546:121328.

(8) 大谷達也・米田令仁（２０２３）シカ・カモシカ生息地のスギ造林地における防護柵管理の一事例－どの程度の見回りをしていつ直すか－．森林防疫 72(2)：11－20.

(9) 藤木大介（２０１２）ニホンジカによる森林生態系被害の広域評価手法マニュアル．兵庫ワイルドライフモノグラフ４：２－16.（https://agriknowledge.affrc.go.jp/RN/2030912683.pdf）

(10) 明石信廣ほか（２０１３）簡易なチェックシートによるエゾシカの天然林への影響評価．日本森林学会誌 95：２５９－２６６.（https://www.jstage.jst.go.jp/article/jjfs/95/5/95_259/_pdf/-char/ja ()

(11) Yamagawa H.et al.（2023）Assessing the damage caused by deer on young trees in a Sugi（Cryptomeria japonica) plantation based on field signs. Journal of Forest Research 28:194-203.

(12) 山川博美ほか（２０２１）シカ被害対策の防護効果を比較する．（西日本の若齢造林地におけるシカ被害対策のポイント～防鹿柵・単木保護・大苗植栽～．陣川雅樹・大谷達也・安部哲人・米田令仁・山川博美 編，森林総合研究所）．32－33.（https://www.ffpri.affrc.go.jp/pubs/chukiseika/documents/4th-chuukiseika40.pdf）

(13) Otani T.et al.（2022）A practical technique for estimating deer appearance frequency and cedar sapling damage in young plantations protected by tree shelters in western Japan. Journal of Forest Research

27:182-190.

(14) 大谷達也ほか（2023）西日本の皆伐・新植地に残る痕跡を使ったシカ出現頻度や苗木被害の予測．森林防疫 754：14-21．

(15) 森林整備センター（2020）シカ害防除マニュアル～防護柵で植栽木をまもる～，41pp．（https://www.green.go.jp/gijutsu/pdf/zorin_gijutsu/deer_pest_control_manual.pdf）

第８章

GISと連携した施業計画支援ツール（I-Forest.FV）

国立研究開発法人森林研究・整備機構
森林総合研究所　植物生態研究領域

重永 英年

1. はじめに

ここまでは、この10年で技術開発や実証が進められてきた一貫作業システム、コンテナ苗、低密度植栽、下刈り省略、エリートツリー、シカ被害対策といったテーマを取り上げ、それぞれの技術の導入によって期待される効果等を紹介しました。本書の主題である低コスト再造林、つまり上記のような技術を組み合わせた育林の初期経費削減については、コスト分析の事例をパンフレットや報告書等で見ることができます。例えば、「エリートツリーを活かす育苗と育林、施業モデル」[1]では、人力地拵えの後にスギコンテナ苗を2500本/haで植栽し、下刈りを5回実施とする従来の施業に対して、一貫作業システムでの機械地拵えの後にエリートツリーのコンテナ苗を2000本/haで植栽し、下刈りを3回とする施業では、約25%のコスト削減が可能と試算されています。このような情報はこれから進める再造林の方向性を示すのに大きく役立ちます。一方、林業現場で、植栽密度や苗木の種類、下刈り回数等を個々の林分の状況に応じて変更しながらコスト分析を簡単に試行できれば、低コスト再造林の具体的な施業プランの立案と実行に結びついていくでしょう。ここで、ある人工林を主伐して再造林につなげていくには、再造林コストの分析だけでなく、予想される主伐収入、周辺の地形、路網の整備状況といった情報も必要です。また、直近に行われる主伐とそれに続く植栽、初期保育だけに注目するのではなく、再造林した林分の将来の収穫量を見通すことや、地域全体の森林の現況を把握しておくことも重要です。

近年では、航空レーザ測量に基づく森林資源情報の整備が都道府県等で進められ、様々な地理空間情報も公開されるようになりました。筆者は、コスト分析や航空レーザ測量データの活用・解析に詳しい森林総合研究所の鹿又秀聡氏、山田祐亮氏らとともに、２０１８年度から２０２２年度にかけて行われた農林水産省による戦略的プロジェクト研究推進事業「成長に優れた苗木を活用した施業モデルの開発」のなかで、森林資源情報を含めた各種地理空間情報を活用し、地域の森林の現況を見渡した上で、対象とする人工林の主伐収入と再造林コストの試算、将来の収穫予想を対話的に行い、低コスト・省力的な施業プランの検討を支援するツール「I-Forest.FV」の開発を進めました。本ツールは、無料で利用できるGISソフトウェア「QＧＩＳ」の機能を拡張するプラグインとして動作します。このＱＧＩＳは、「業務で使うＱＧＩＳ Ver.3 完全使いこなしガイド」[(2)]といった林業現場向けの書籍で紹介されているように、地図化、データ処理、ファイル作成等、様々な高度な機能を持っています。ここで紹介するツールは、データの取り扱いやＱＧＩＳの操作に多少不慣れなユーザーであっても森林資源等の各種情報を簡単に表示させられるインターフェースを持ち、主伐・再造林を含めたこれからの人工林施業を考えるヒントを提供します。

月刊「現代林業」（全林協）の2023年6月号では、ツールの概要とともに、大分県農林水産部の協力を得て関係者への試用版の提供を開始したことを紹介しました。その後もユーザーのフィードバックによって改良を進めており、本書では2023年9月時点の最新版について概要を紹介します。

2．使用するデータと動作環境

一市町村程度の広がり持つ地域を対象として、①標高、②傾斜、③CS立体図、スギ、ヒノキの④平均樹高と本数、⑤地位指数のそれぞれについて、GeoTIFF形式のラスターデータを準備します。また、同地域の、⑥建築物、⑦路網、⑧等高線、⑨林相図、⑩森林簿、⑪林班境界について、シェープファイル形式のベクターデータを準備します。

①標高、⑥建築物については、国土地理院基盤地図情報ダウンロードサービス(3)から、数値

標高モデルと建築物外周線のデータを入手します。②傾斜、⑧等高線については、ＱＧＩＳの標準機能を利用して①の標高から作成することができます。③ＣＳ立体図については長野県林業総合センターがＧ空間情報センター(4)で公開しているデータを入手します。⑤地位指数については、林野庁がＧ空間情報センターで公開している森林ゾーニングツール「もりぞん」(5)を使って作成されるファイルや、「航空機Ｌ・ｉＤＡＲデータを使った地位指数分布図の作成の手引き」(6)に沿って作成したファイルを利用することができます。

スギ、ヒノキ単木の樹頂点データを元に20ｍメッシュ値に加工した④の樹高と本数、スギ、ヒノキ、広葉樹といった林地の所在を示した⑨の林相図、小班区画ごとにスギやヒノキの樹高や材積等の情報を付加した⑩の森林簿については、空中写真や航空レーザ測量の解析結果を活用します。これらについては、⑪の林班境界と併せて、大分県から提供を受けたデータを利用しました。森林簿や航空レーザ測量関連のデータ仕様は県によって異なる場合がありますが、「レーザ計測による森林資源データの解析・管理の標準化事業」の標準仕様書案(7)に沿った仕様であれば、プログラムコードの多少の修正で利用できます。⑦の路網については、国土地理院基盤地図情報ダウンロードサービス(3)の道路縁と併せて、大分県が整備した林道と作業道のデータも利用しました。

プラグインは、ＯＳがＷｉｎｄｏｗｓ10以降で、ＱＧＩＳ（バージョン3・20以降で動作確認済み）がインストールされており、解像度が１９２０×１０８０以上のディスプレイを持つパソコンで動作します。背景図にオンライン地図を利用するためインターネットに接続された環境が必要です。プラグイン本体と必要なデータセットについては、地域ごとのパッケージとして提供する形をとっており、ＱＧＩＳの操作に詳しくなくても簡単に導入できるようになっています。

3. 主な機能と操作

プラグインは、起動時に表示されるメインウィンドウと必要に応じて呼び出すいくつかのダイアログで構成されます（図８－１）。

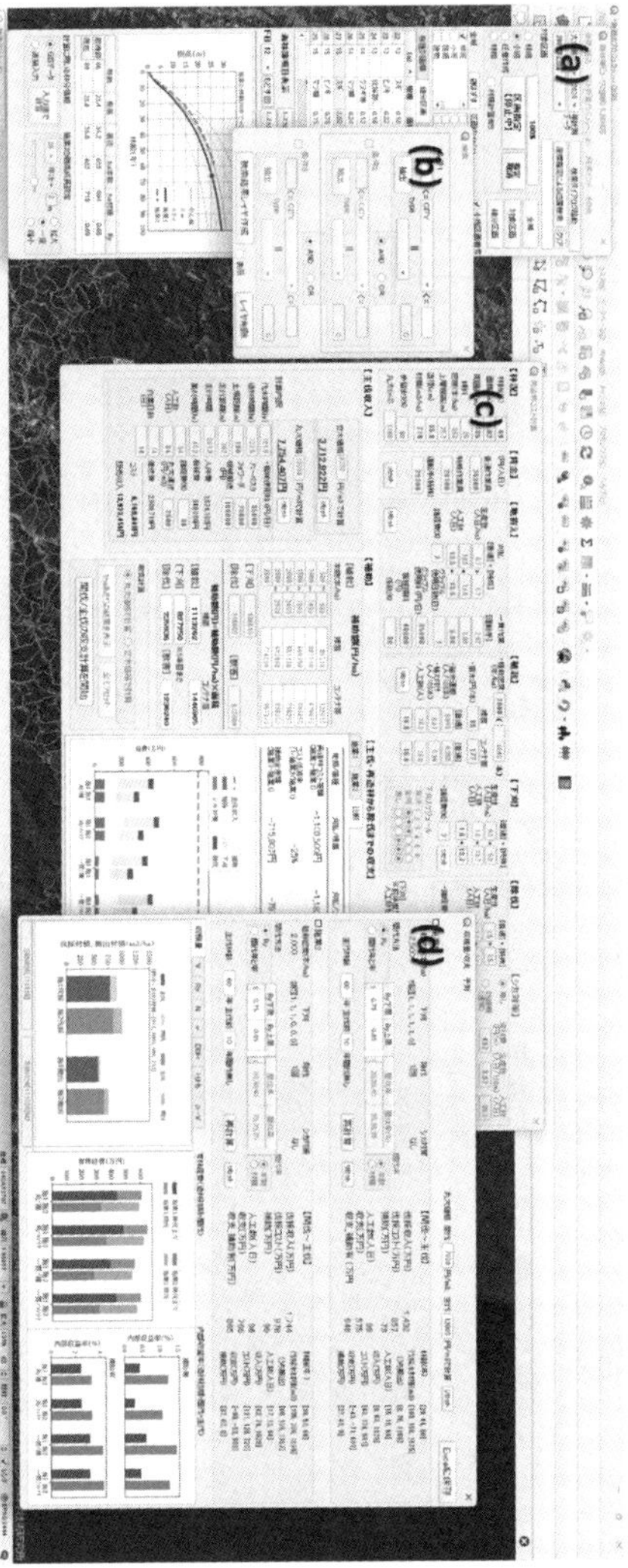

図8-1　プラグインの操作画面

QGISのウィンドウに、メインウィンドウ (a)、検索ダイアログ (b)、コスト計算ダイアログ (c)、収穫予測ダイアログ (d) が表示された様子。

地域の森林を概観し、林分を検索する

プラグインのメインウィンドウに配置したリストには、林班、小班、路網といった項目とともに、スギ、ヒノキ、クヌギ、広葉樹といった林相名が表示されます。項目にチェックを付けると、林班や小班の境界、路網図、スギ、ヒノキ、広葉樹などの森林の分布が背景図に重ねて表示されます。背景図には、国土地理院から配信されている電子国土基本図と年代別の空中写真を利用します。メインウィンドウのドロップダウンリストで切り替えることができ、現在は森林が広がる地域でも１９７０年代には伐採跡地や幼齢造林地が多かった様子などをみることができます。

メインウィンドウ上のボタンを押すと、検索ダイアログが立ち上がります。このダイアログでは、森林簿に記載された項目の値や数値の範囲を指定し、地域の森林の中から条件に合う林小班を抽出して表示させることができます（図８－２、口絵12）。条件は3項目まで設定でき、それらをＡＮＤ（かつ）もしくはＯＲ（または）でつなげます。例えば、第1樹種（ある林小班で面積が最も大きい樹種）がスギで、その材積が７００㎥／haから９００㎥／ha、面積が３haから５haといった条件を設定できます。抽出された林小班は地図上で色塗りされ、抽出結果のテー

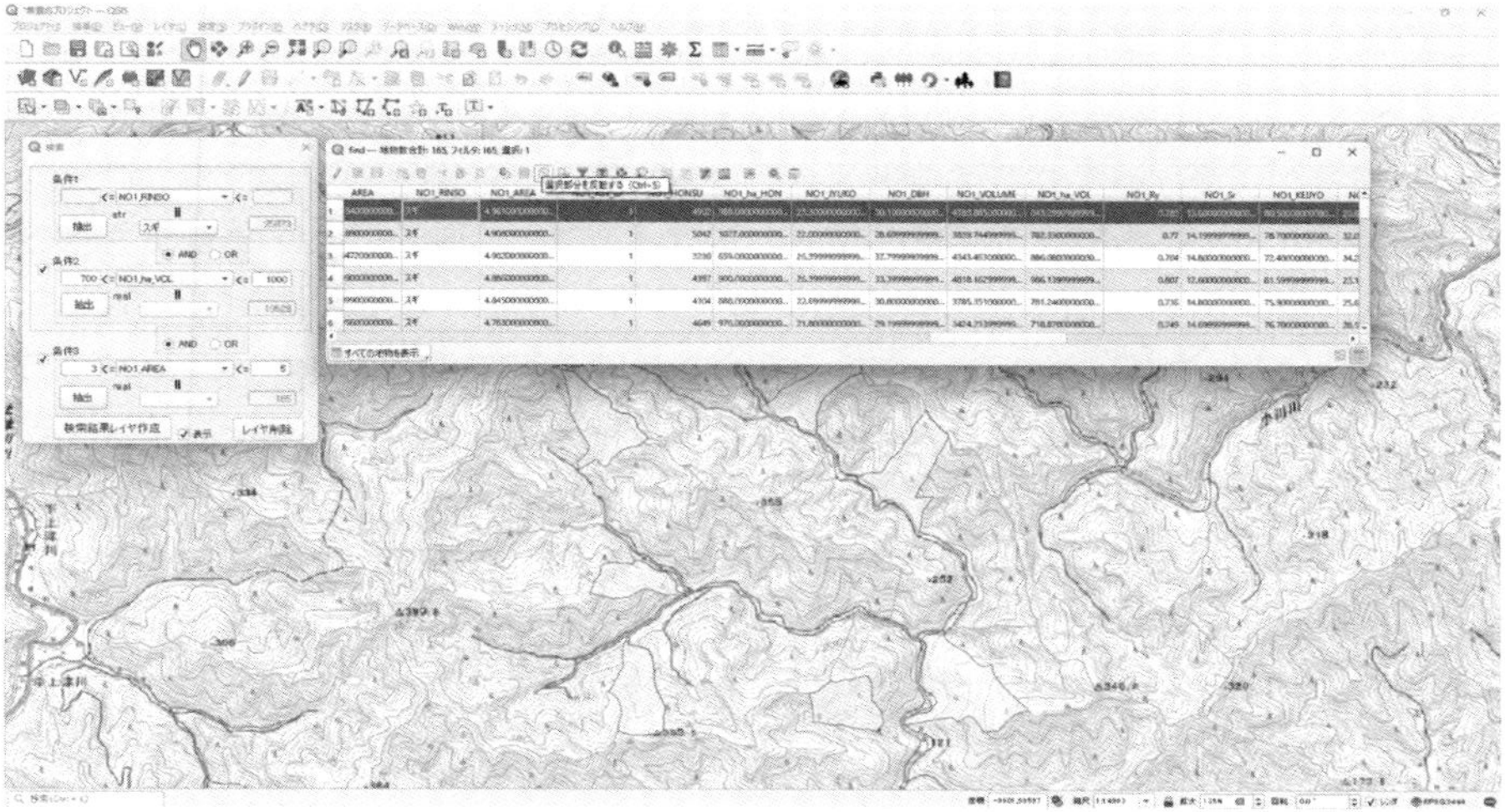

図8-2　検索ダイアログ

検索ダイアログ（左）で森林簿の項目と条件を指定して抽出を行い、標準地図を背景として、該当する林小班が色塗りされた様子。テーブル（右）で森林簿の内容を確認できる。

ブルを使って、森林簿に記載された内容を確認したり、特定の林小班の場所へ地図を移動させたりすることができます。

指定した区画の情報を表示する

メインウィンドウ上のボタンで区画指定をアクティブな状態にすると、ユーザーがマウスで地図をクリックして区画を指定して、区画内の各種情報の表示や計算ができるようになります。指定する区画の単位としては、林班、小班、林相、マウスのクリックで頂点を指定する任意の多角形のいずれかを目的に応じて選べます。計算が終了すると、地図上ではスギ、ヒノキ、広葉樹等の林相が色分けされ、林小班や個別林分には番号ラベルが振られます。（図8－3、口絵13）。メインウィンドウに配置したタブでは、各林相の総面積や路網密度（図8－4ⓐ）、スギ、ヒノキの齢級別面積（図8－4ⓒ）、標高や傾斜、地位指数等の頻度分布（図8－4ⓓ）が表示されます。また、個別林分の面積とともに、スギ、ヒノキ林分についての樹高、材積、胸高直径、収量比数といった数値が表示されます（図8－4ⓑ）。ここでの個別林分とは、ある林相が空間的にひとつのかたまりになっている領域のことを指し、スギ、ヒノキについては小班境界や林

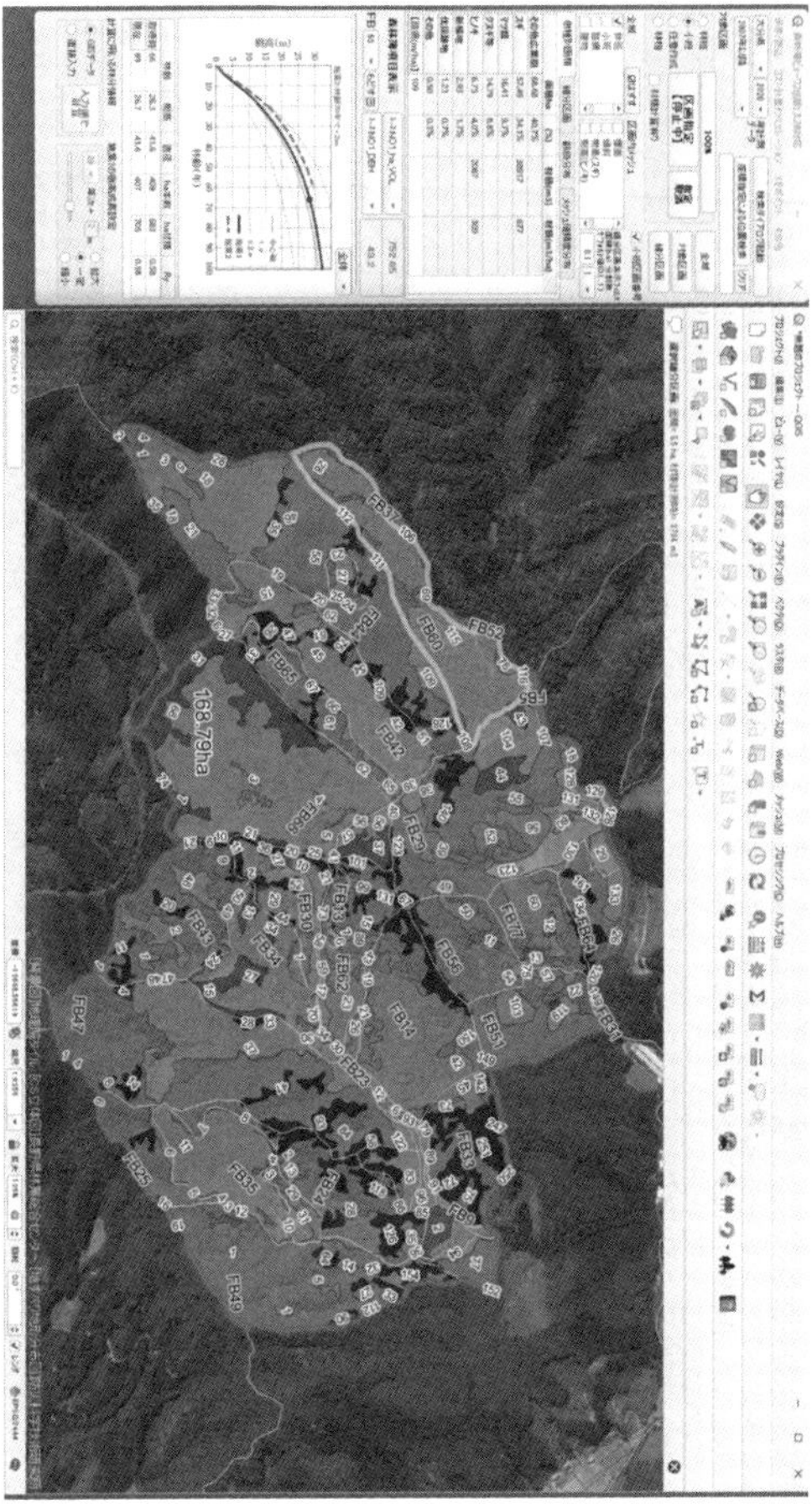

図8-3　指定した区画の情報表示

面積が168haの林班を指定して計算処理を行い、地図上でスギ、ヒノキ、広葉樹等の分布が色分けされ、林小班と個別林分にラベルが振られた様子。メインウィンドウ（左）では区画内の関連情報が表示される

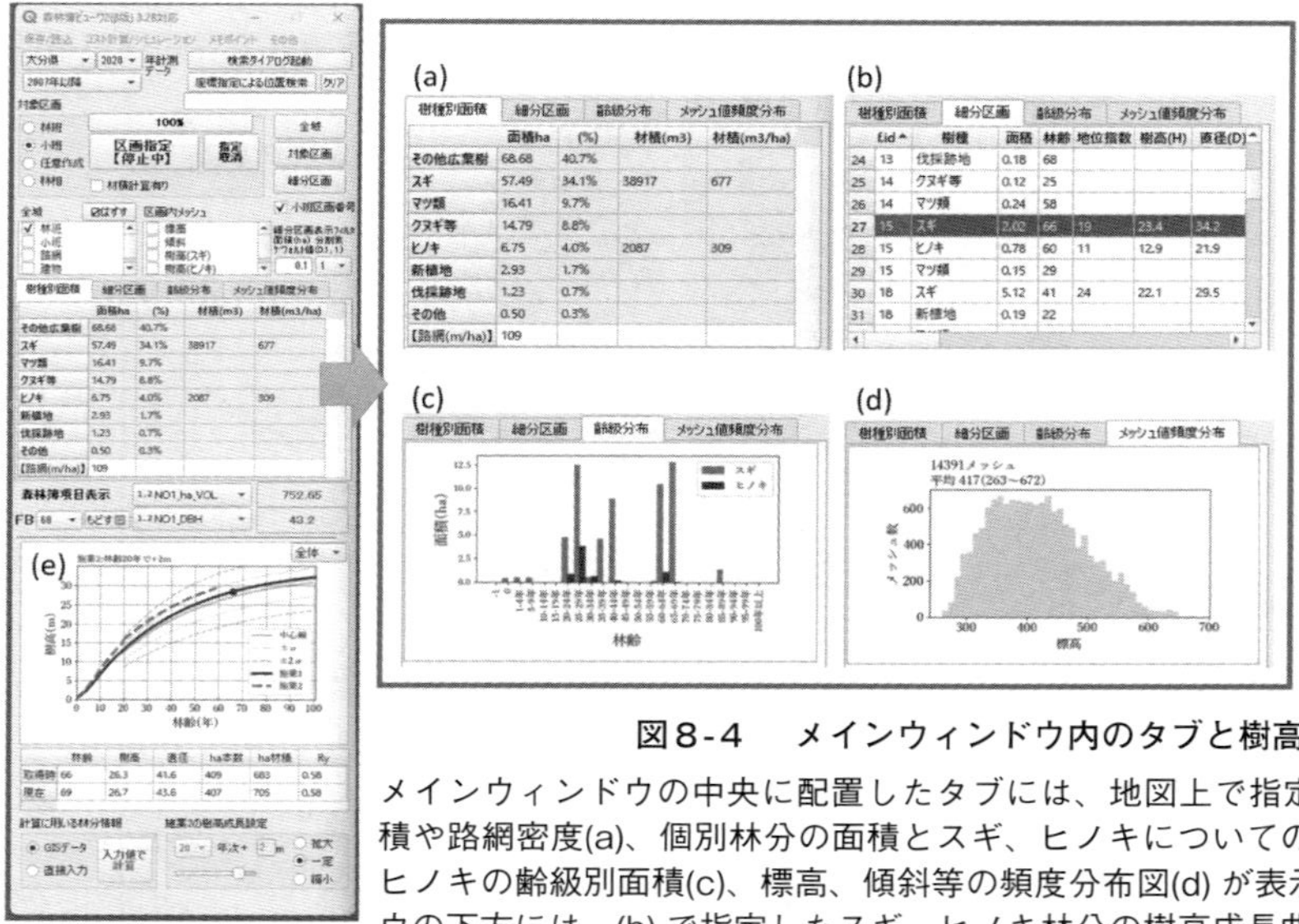

図8-4　メインウィンドウ内のタブと樹高成長曲線

メインウィンドウの中央に配置したタブには、地図上で指定した区画の、林相別の面積や路網密度(a)、個別林分の面積とスギ、ヒノキについての林分の諸数値(b)、スギとヒノキの齢級別面積(c)、標高、傾斜等の頻度分布図(d) が表示される。メインウィンドウの下方には、(b) で指定したスギ、ヒノキ林分の樹高成長曲線が表示される (e)

齢の類似性も考慮して区分しています。スギ、ヒノキの個別林分の材積は、準備したラスターデータから領域の樹高と本数を読み込み、密度管理図で利用されている収量密度効果の逆数式に当てはめて算出します。

タブ内のテーブル（図8－4(a)、図8－4(b)とグラフ（図8－4(d)）は、地図や森林簿情報の表示と連動しています。例えば、図8－4(b)のテーブルで、ある林分に対応する行を選択すると、地図上ではその林分の表示色が変わり、メインウィンドウ上で森林簿の記載内容をみることができます。また、図8－4(d)で標高や傾斜等の区画内メッシュの頻度分布のグラフを表示させると、地図上ではメッシュマップがグレースケールで表示され、値の空間的な分布を確認できます。

林分の現況、主伐・再造林後の下刈り期間の目安を樹高成長曲線から予想する

図8－4(b)のテーブルでスギまたはヒノキの林分が選択されると、林齢と樹高との関係を地域の地位指数曲線にあてはめて樹高成長曲線を作成し、そのグラフをメインウィンドウに表示します（図8－4(e)）。ユーザーがプラグインを操作する時点では、航空レーザ測量が行われて

から数年が経過している場合も少なくありません。このため、この期間は樹高成長曲線に従って樹高が増加すると仮定し、操作時点の材積、本数、収量比数等の林分の諸数値を計算してテーブル（図8－4(b)）に表示します。また、現在から5年後、10年後の値も併せて表示します。現在利用されている地位指数曲線の多くは若齢以降を対象として調整されており、造林初期の幼齢時は考慮されていません。本プラグインでは、九州地域のスギを対象として新たに作成した20年生までの樹高成長曲線を基に、幼齢部分を追加しています。樹高成長曲線のグラフは、植栽から10年までの範囲を拡大表示することができ、幼齢時の曲線と下刈り終了の判断基準となる造林木樹高との関係をみることで、再造林後に下刈りが必要となる年数の目安を知ることができます。

林齢と樹高の情報から作成した上記の樹高成長曲線を便宜上「施業1」と呼びます。メインウィンドウのスライダーとラジオボタンを使って、施業1の曲線に対して樹高を増減させた曲線を設定して、表示することができます。これを「施業2」と呼びます。例えば、成長に優れたエリートツリーの特性を施業2の曲線に反映させてみます。そして、2つの曲線で同一樹高に到達する年数を比較すると、下刈りの早期終了や伐期年数の短縮について検討することができます。

林分の主伐収入、地拵えから除伐までの再造林コストを試算する

図８－４(b)のテーブルでスギまたはヒノキ林分を選択し、その樹高成長曲線が表示されていると、コスト計算ダイアログを呼び出すことができます（図８－５）。このダイアログでは、選択した林分の主伐収入とともに、地拵え、植栽、下刈り、除伐、シカ対策といった再造林に関わるコストを試算します。再造林コストについては、地拵えが人力による方法と機械による方法の２種類、植栽が裸苗とコンテナ苗の２種類とし、その組み合わせの４通りを計算します。ダイアログに配置したテキストボックスへの数値入力やラジオボタンの選択により、丸太価格、賃金、苗木価格、植栽密度、各年の下刈りの有無といった各種条件を変更することができ、その結果は即座に画面に反映されます。

メインウィンドウでは施業１と施業２の２通りの樹高成長曲線を設定しました。コスト計算についてもタブを切り替えながら、それぞれの曲線に対しての条件を決めていきます。例えば、施業１のタブを選んで、従来型として２５００本／ha植栽で下刈りを5回に設定します。次に、施業２のタブを選んで、低コスト型として２０００本／ha植栽で下刈りを3回といったように設定します。そして、それぞれのタブでの試算値をみた後で比較のタブに切り替えます。施業

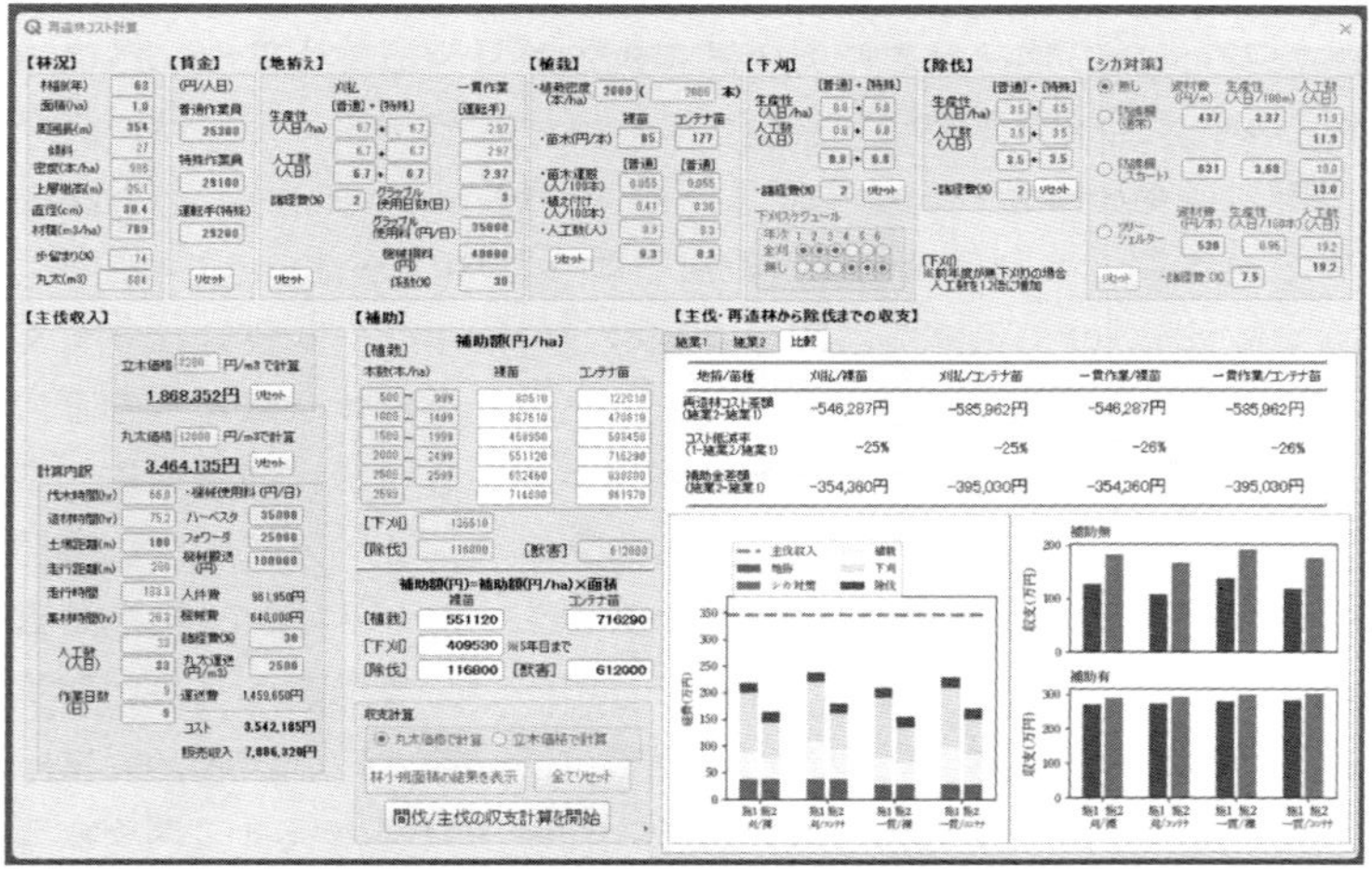

図8-5　コスト計算ダイアログ

選択した林分の主伐収入と再造林コストを、ユーザーが各種設定値を変更しながら試算できる。地拵えから除伐までの再造林コスト、主伐収入と再造林コストの収支のそれぞれが棒グラフで表示され、低密度植栽や少ない下刈り回数によるコスト低減率が示された様子。

1と施業2の再造林コストの差額や割合が表示され、設定した条件がコスト削減や収支改善に及ぼす効果を確認することができます。また、地拵えから除伐までの再造林コストが積み上げ棒グラフで、主伐収入と再造林コストの差となる収支が棒グラフで表示されます。以上のように、ユーザーは各種条件を変更しながら主伐収入や再造林の初期コストの試算を簡単に行うことができます。

再造林した林分の将来の収穫量を予想する

コスト計算ダイアログで主伐収入と再造林初期のコストの試算を終えると、収穫予測ダイアログを呼び出すことができます（図8－6）。このダイアログでは、メインウィンドウで表示した2種類の樹高成長曲線と、それぞれに対してコスト計算ダイアログで設定した植栽密度の条件で、将来の間伐と主伐の収穫量を予想します。ユーザーは、間伐の時期や強度、主伐年数等を変化させながら、林分の本数、胸高直径、収量比数等の経年変化や、間伐と主伐の材積をグラフで確認することができます。また、地拵えから間伐までの育林全体の経費、予想される伐採収入と育林経費から計算される内部収益率のグラフも表示されます。ここでの収穫予測は密

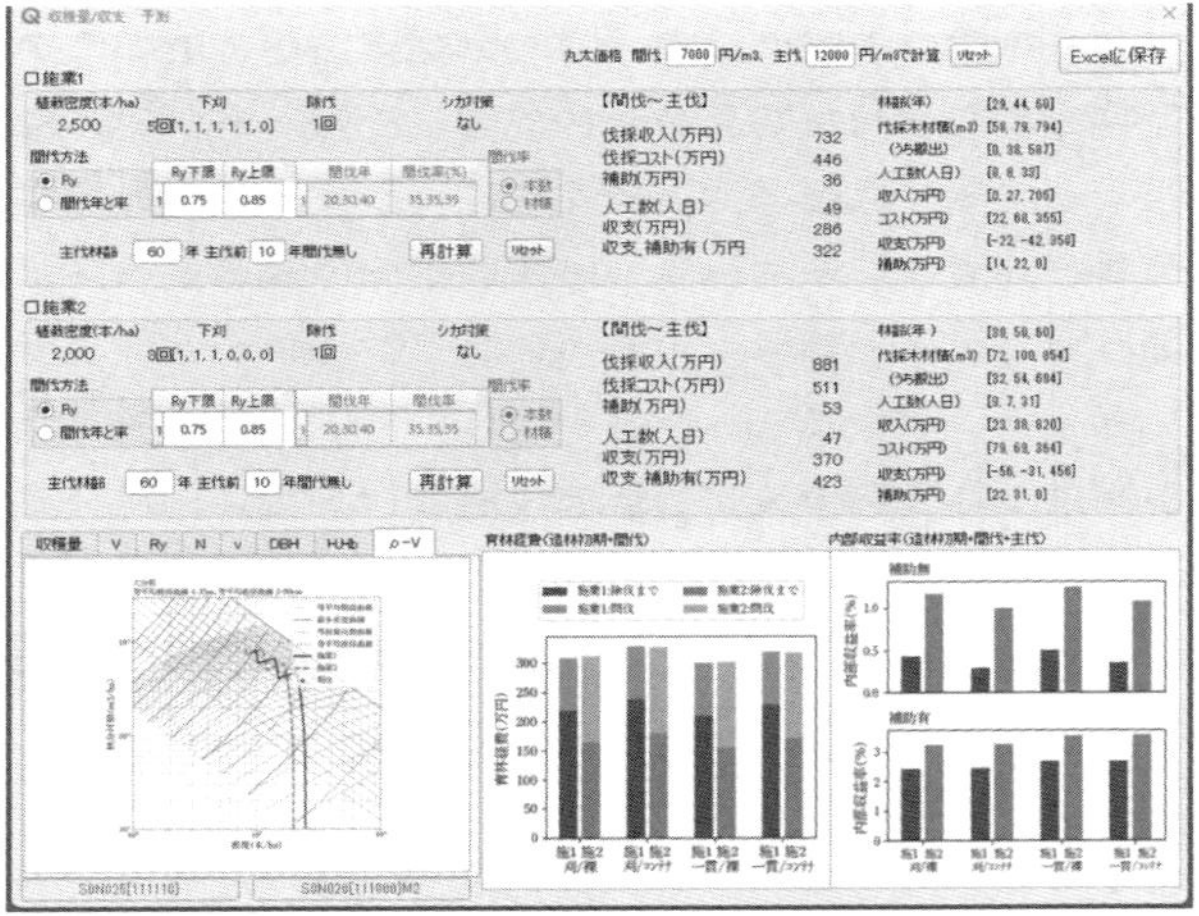

図8-6　収穫予測ダイアログ

メインウィンドウの２通りの樹高成長曲線と、それぞれに対して設定した植栽密度の条件で、将来の間伐と主伐の収穫量を予想する。２通りの施業について、密度管理図上の軌跡、育林経費、内部収益率がグラフで表示された様子。

度管理図に基づくもので、県等が公開しているシステム収穫表と同等の結果となります。

計算結果の保存、読み込み

メインウィンドウでスギやヒノキの林分を選び、主伐収入と再造林コストの試算、収穫予測と操作を進めていく過程で、様々な数値とグラフが表示されます。これらの結果は、収穫予測の操作が終了した時点で、ユーザーが設定した各種条件とともにひとつのＥｘｃｅｌファイルに保存されます。

ユーザーが区画を指定して計算を行う際（図8－3、口絵13）、その面積が数百haにもなるような場合には、パソコンでの処理に時間がかかります。ある区画を指定するたびに同じ計算を行うのは効率的ではないため、計算結果をシェープファイル等で保存し、再読み込みができる仕様としています。例えば、あらかじめ林班単位で計算を行ってファイルを保存しておき、プラグインの利用時にはそれを読み込むといった使い方により処理時間を大幅に短縮することができます。

その他の機能

ユーザーによって地図上である区画が指定されていると、メニュー項目からのワンクリックでＷｉｎｄｏｗｓの規定ブラウザを立ち上げ、Ｇｏｏｇｌｅマップで区画周辺の最新の航空写真をみることができます。一方、Ｇｏｏｇｌｅマップで注目する地点の緯度経度を取得し、これをメインウィンドウのテキストボックスに入力してボタンを押すと背景図にその地点が表示され、ＱＧＩＳ上で場所や各種情報を確認することができます。

林道を走っていると樹冠が赤くなって枯れた数十本のスギをみかけた、ある場所でシカ影響スコア（7章）を調べてみたら9点であったというような、地域の森林に関する様々な出来事や情報を日付と位置を付けて記録として残していくことは、この先数年だけでなく50年後や１００年後のためになります。ユーザーが地図上でクリックした地点にメモ付きのポイントを簡単に作成することができ、その情報はシェープファイルとして自動で保存、更新されます。

4. ツールの役割と今後の展開

　本ツールを利用するユーザーは、パソコンのディスプレイに広がる地域の森林を目の前にして、スギ、ヒノキや広葉樹の分布、地形や路網等の森林の現況を眺め、注目するスギ、ヒノキの林分について、主伐収入と再造林コストの試算、再造林後の将来の収穫予想といった一連の操作を、マウスやキーボード使って対話的に進めていきます。これによりユーザーは、地域の森林を俯瞰した上で、伐って植えて育てるという人工林施業をシミュレーションしながら体験することになります。この過程で、例えば、この辺りは高蓄積の人工林が多いが地形が複雑で道があまり入っていない、この苗木価格の大苗で3回の下刈りを省くなら、コスト的に植栽密度の上限はこの程度になるだろう、この場所の人工林は材積が多く成長も優れ道にも近いため林業経営に適している、この尾根沿いの人工林は成長が悪く再造林しても将来の収穫はあまり期待できそうもない、といったようなことに気づくでしょう。このような気づきが、地域の森林の取り扱いのヒントとなり、個別林分についての具体的な施業プランの立案を後押しすることになります。各種の地理空間情報に簡単にアクセスできるインターフェースと、対話的操作による気づきをユーザーに提供することが本ツールの大きな役割です。また、本ツールを手に取ることが、森林資源情報やＧＩＳの現場での利活用を進めるきっかけとなることも期待しています。

検索キーワード

- 森林・林業での QGIS 活用
- 航空レーザ計測と森林 GIS
- 森林情報のオープン化
- 林分密度管理図と地位指数曲線
- 優良苗活用プロジェクト I-Forest

今後は、6章で紹介されたような最新の研究成果を組み込むとともに、ユーザーの意見をもとに改良を進め、公開や普及の方法を検討していく予定です。将来的には、人工林の主伐・再造林に限らず、地域の森林管理全般に活用できるプラットフォームとして展開できればと考えています。自治体や林業事業体、企業等で、本ツールの利用にご興味をお持ちの方がいれば、森林総合研究所ホームページのお問い合わせフォームを通してお声がけいただければ幸いです。

引用文献

(1) 森林総合研究所（2023）エリートツリーを活かす育苗と育林、施業モデル，32pp.（https://www.ffpri.affrc.go.jp/pubs/chukiseika/

documents/5th-chuukiseika15.pdf)

(2) 喜多耕一（２０２２）改訂版Ver.3.22対応 業務で使うＱＧＩＳ Ver.3完全使いこなしガイド、（一社）全国林業改良普及協会，６９６pp.

(3) 国土地理院 基盤地図情報ダウンロードサービス（https://fgd.gsi.go.jp/download/menu.php）

(4) Ｇ空間情報センター（https://front.geospatial.jp/）

(5) 森林ゾーニング支援ツール「もりぞん」（https://www.geospatial.jp/ckan/dataset/rinya-morizon-dateset）

(6) 林野庁（２０２２）航空機ＬiＤＡＲデータを使った地位指数分布図の作成の手引き，80pp.（https://www.rinya.maff.go.jp/j/keikaku/smartforest/attach/pdf/smart_forestry-13.pdf）

(7)（一社）日本森林技術協会（２０２２）レーザ計測による森林資源データの解析・管理の標準化事業　報告書，33pp.（https://www.jafta.or.jp/pdf/sinrinshigen-hyoujunka/0_R3_shinrinshigenhyoujunka_report.pdf）

第９章

GIS と連携した施業計画支援ツール（I-Forest.GE）

国立研究開発法人森林研究・整備機構
森林総合研究所　植物生態研究領域

壁谷 大介

1．はじめに

２０１８年度から２０２２年度にかけて行われた農林水産省による戦略的プロジェクト研究推進事業「成長に優れた苗木を活用した施業モデルの開発」の成果のひとつとして、在来品種苗および成長に優れた品種苗（優良苗）において、地形情報（ＴＷＩ※）をもとに樹高成長を予測する技術が開発されました(1)。この成果の活用と普及を目的として、Ｗｅｂブラウザで動作する施業計画支援ツール I-Forest.GE を作成しました。本章では、ツールの背景と使い方について紹介をしていきます。

ＴＷＩ：地形湿潤指標。対象とする地点の傾斜度合いと上部の集水域の大きさから計算される指標で、値が大きいほど湿潤であることを示します。

2．Ｗｅｂツールとしての I-Forest.GE

I-Forests は、森林施業におけるさまざまなニーズに対応することを目的として、いくつかのプラットフォームで利用できるツール群として開発を進めています。そのうちのひとつである I-Forest.GE は、植栽から10年生までの苗木の成長を予測するツールであり、室内ではＰＣ、植栽現場ではタブレット、といった様々な環境で利用できるツールとして開発することを目指しました。通常、地理情報（ＧＩＳ）を活用するソフトウェア・ツールは、データサイズや計算量の制約からＰＣで利用するものが一般的です。その一方で、地図などスマートフォンやタブレットなどに入れて施業現場に持ちだすことで真価が発揮されるものもあります。さまざまなプラットフォームに対応するため環境ごとのソフトウェアを開発するには、大きなコストがかかります。この問題を解決する方法のひとつが、ＰＣ、スマホ・タブレットのいずれにおいても利用されているＷｅｂブラウザを利用したツール（Ｗｅｂアプリ）として施業支援ツールを開発することでした。とくに近年、ハードウェアの進歩とブラウザの高機能化により、ある程度の作業であれば、Ｗｅｂブラウザ上で処理ができるようになってきています。このため、一度プログラムやデータをサーバーからダウンロードしてしまえば、オフライン環境であっても利用できるようになっています。

I-Forest.GE は、Chrome（Edge も含む）や Safari、Firefox といった標準的なブラウザ上で動作することを目指して開発されており、これらのブラウザが利用できる環境であれば、ＰＣやスマホ・タブレットなどのハードウェア、あるいはWindowsやMac、Linux、Androidといったにに依存しないで動作させることができます（ただし、画面サイズが小さいと利用しにくいという制約はあります）。また、オンライン環境でアプリケーションサイトにアクセスしておけば、主な機能はオフライン環境でも利用可能になるようにしています。

3. 使い方

用意するもの

まず、対象とする地域のＴＷＩメッシュ値のGeoTIFF画像ファイルを用意してください。ただし現在は九州地域限定となっています。プロジェクトＷｅｂサイトには、沖縄を除いた九州各県のＴＷＩメッシュ値の画像ファイルの配布ページを用意しています（https://www.ffpri.affrc.go.jp/labs/GGSILV/TWI.html）。ただし、県単位ではファイルサイズが大きいため（80～４００Ｍｂ程度）、配布ページの説明にあるように、いったんＧＩＳソフトウェアに読み込んだうえで、実際に必要な範囲を切りだして、オフラインファイルを作成して利用していただくのが良いでしょう。オフラインファイルを用意することで、画像ファイルの読み込みが速くなるだけでなく、インターネット接続が期待できない環境であっても樹高成長推定などが可能になります。

GeoTIFFファイル読み込みと初期画面

I-Forest.GEのアプリケーションページ（https://www.ffpri.affrc.go.jp/labs/GGSILV/shared/I-ForestGE）にアクセスしてください。スタート画面として、オンライン画像のＵＲＬ入力、またはローカルのTWI GeoTIFFファイルの読み込みが求められます（図９－１、口絵14）。オンラインファイルを利用する場合は、画像のＵＲＬを入力欄に記載してください。なおデモ用として熊本県人吉市のTWI GeoTIFFファイルのＵＲＬをプルダウンリストに用意しています。また、スタート画面に注意書きされていますが、利用可能なGeoTIFF画像の投影系（測値系）は、WGS84・緯度経度（EPSG：4326）になりますのでご注意ください（配布サイトで公開しているGeoTIFFは、この投影系になります）。また、スタート画面で画像ファイルを指

図9-1　I-Forest.GE のスタート画面

定しなくても、後ほどメニューからGeoTIFF画像の読み込みが可能です。

　GeoTIFF画像の読み込みが完了あるいは、読み込まずにスタートすると、図9－2、口絵14のような画面が表示されます（スマートフォンで利用の方は、メニューが上部からのドロップダウンで表示されます）。

　背景地図画像には、国土地理院公開の地理院地図（標準・航空写真）とOpenStreetMap の他、追加レイヤとして産総研公開のシームレス地質図、農研機構の土壌図も表示できるようにしていますので、オンライン環境であれば、この状態で簡易地図アプリとし

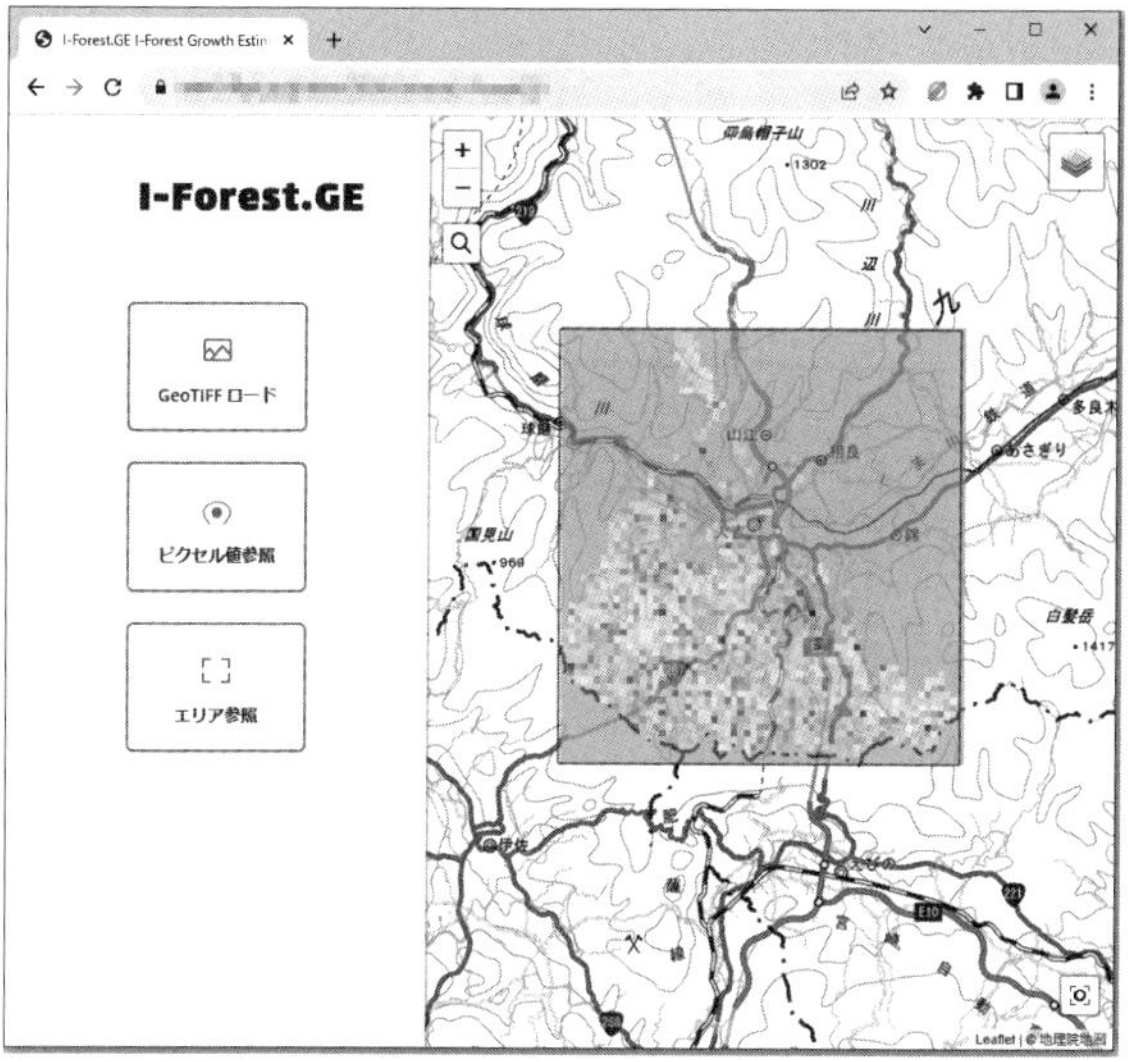

図９-２　I-Forest.GE の基本画面と基本メニュー

ての利用もできます（スマートフォン・タブレットのＧＰＳ機能を利用した現在位置指定も可能）。

基本メニュー

I-Forest.GE の基本メニューは、「GeoTIFF ロード」、「ピクセル値参照」「エリア参照」から成り立っています（図９－２、口絵14）。このうち、「GeoTIFF ロード」は、スタート画面で GeoTIFF画像を読み込まなかった場合、あるいは画像を変更したい際に利用します（画像選択方法はスタート画面と同じです）。

「ピクセル値参照」は、メニュー選択後に表示される「参照開始」ボタンをクリックしたうえで、読み込んだGeoTiFF画像上の任意の箇所をクリックすることで、その地点のTWI値および通常苗と優良苗が2mを越える推定林齢を表示します。内部で用いられる計算方法は、後ほど述べる「エリア参照」と同じです。なお、参照を開始するためには、あらかじめGeoTIFF画像を読み込んでおく必要がありますのでご注意ください。ピクセル値参照の終了は、「終了」ボタンをクリックしてください。

「エリア参照」

I-Forest.GEの本来の機能は、基本メニューの3番目の項目、「エリア参照」が中心となります。メニューを選択すると図9－3のような画面が表示されます。

このツールでは、指定した範囲におけるTWIの平均値に基づいて苗木の成長を予測します。そのため、まずは「1. 計算範囲の選択」で苗木の成長を推定する範囲を決定します。計算範囲の選択は、「長方形」または「ポリゴン」を選択したうえでマップ上に範囲を描画して指定するか、GeoJSON形式※のポリゴンファイル（林小班エリアのポリゴン情報など。WGS84測地

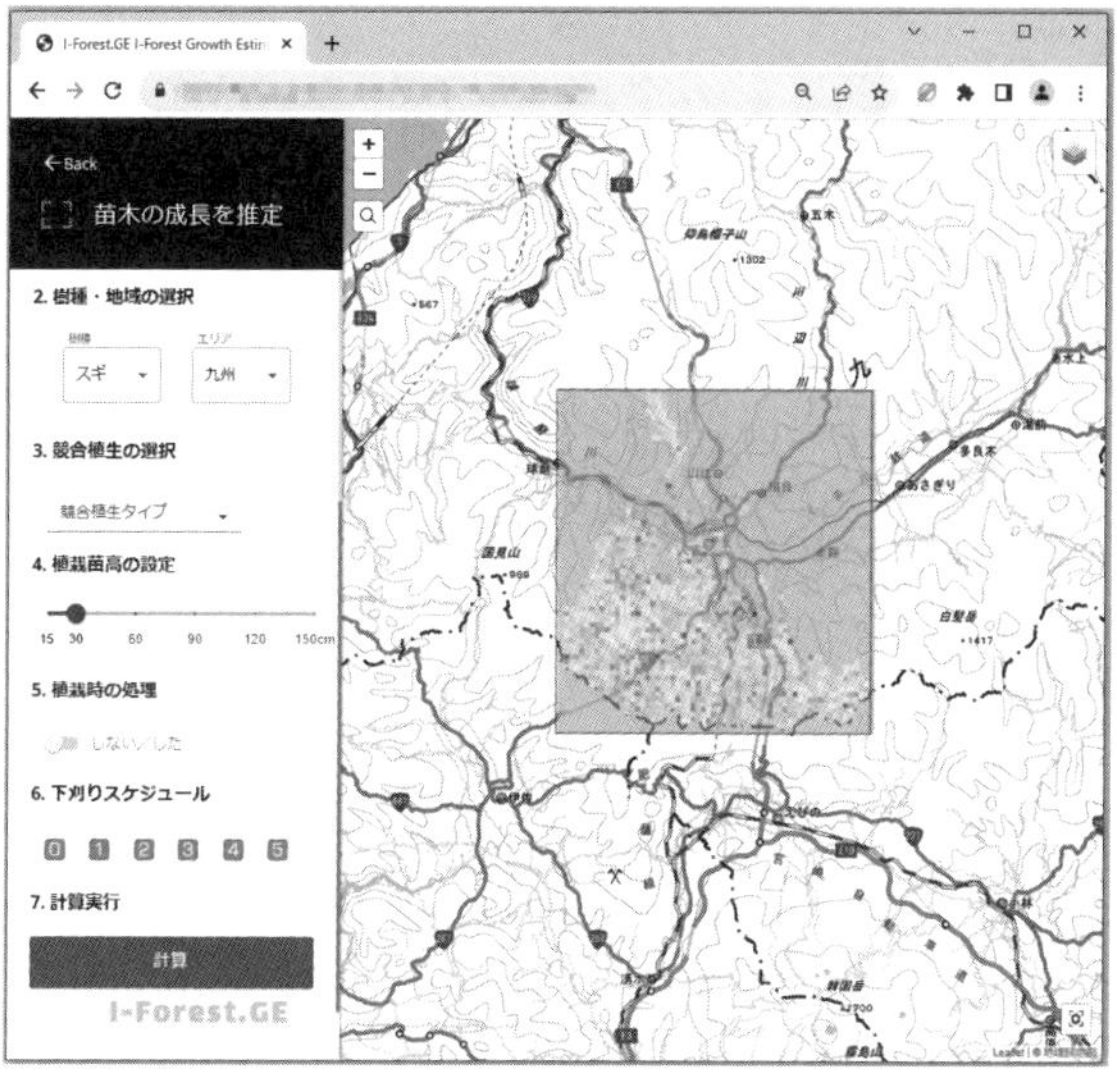

図9-3　「エリア参照」ツールのサブメニュー

系（EPSG：4326）を利用）を読み込むことで指定ができます。

※GeoJSON：javascriptなどで利用可能な空間情報を含んだデータ記述形式

各種設定

次に、「2. 樹種・地域の選択」で樹種・地域を選択しますが、現バージョンでは九州地方のスギのみが選択可能になっています。

続いて、「3. 競合植生の選択」のプルダウン方式のメニューから、ススキ型、キイチゴ型、ササ型、落葉広葉樹型のいずれかを選択します。これらは九州地方で代表的な競合植生です。将来的には他の地域特有の競合植生タイプにも対応することを考えています。

さらに、「4．植栽苗高の設定」では、植栽時の苗高をスライダバーの操作で指定します。「5．植栽時の施肥等の処理の有無」については、現時点では十分なデータが収集できておらず、現在のバージョンでは利用できません。

最後に「6．下刈りスケジュール」で、植栽年（0年）から植栽後5年目までの間で下刈りを行う年を設定します。オレンジ色が下刈りを行う年、白色が行わない年で、それぞれの年数をクリックすることで（行う／行わない）が切り替わります。デフォルトでは0～5年まで通年で下刈りを行う設定にしています。

ここまでの設定が完了したら、いよいよ計算です。

表示される結果について

基本メニュー画面の最下段「計算」をクリックすることでマップ上に新たな画面（結果ウィンドウ）が表示されます（図9－4）。結果ウインドウ内には、地図上に指定した計算範囲におけるＴＷＩの平均値と分布範囲（最小値 - 最大値）が表示されます。また、オンライン環境限定ですが、選択範囲の中心（重心）箇所の地質（岩質）情報も表示されます。

さらに、結果ウインドウ下段には、「テーブル」および「グラフ」が折りたたまれており、それぞれ画面右側の下向き矢印をクリックすることで展開・表示されます。「テーブル」には、計算範囲のＴＷＩ平均値に基づく植栽から10年目までの普通苗および優良苗の樹高推定値と競合植生高推定値の表が表示されます。苗木の樹高が、ばらつきの下限（下記グラフの説明参照）を含めて競合植生高を越えている場合は青、樹高の平均値は競合植生高を超えているものの、ばらつきの下限が競合植生高以下の場合は黄、平均値が競合植生高を下回る場合は赤字で表現されています。グラフには、同じ結果に基づいた苗木および競合植生の成長曲線が示されます。苗木の成長曲線は、実線で示した平均的な樹高成長に加えて、プロジェクトの成果で得られた樹高成長のばらつき具合（25～75％範囲）も示しています。

競合植生タイプのうちススキ型・キイチゴ型、ササ型は、それぞれ最大植生高が異なるものの、いずれも1年で最大植生高に到達するよう設定しているのに対し、落葉広葉樹型は一定速度で樹高成長を続ける設定となっているため、無下刈り時の苗木成長抑制効果が強くなっています。

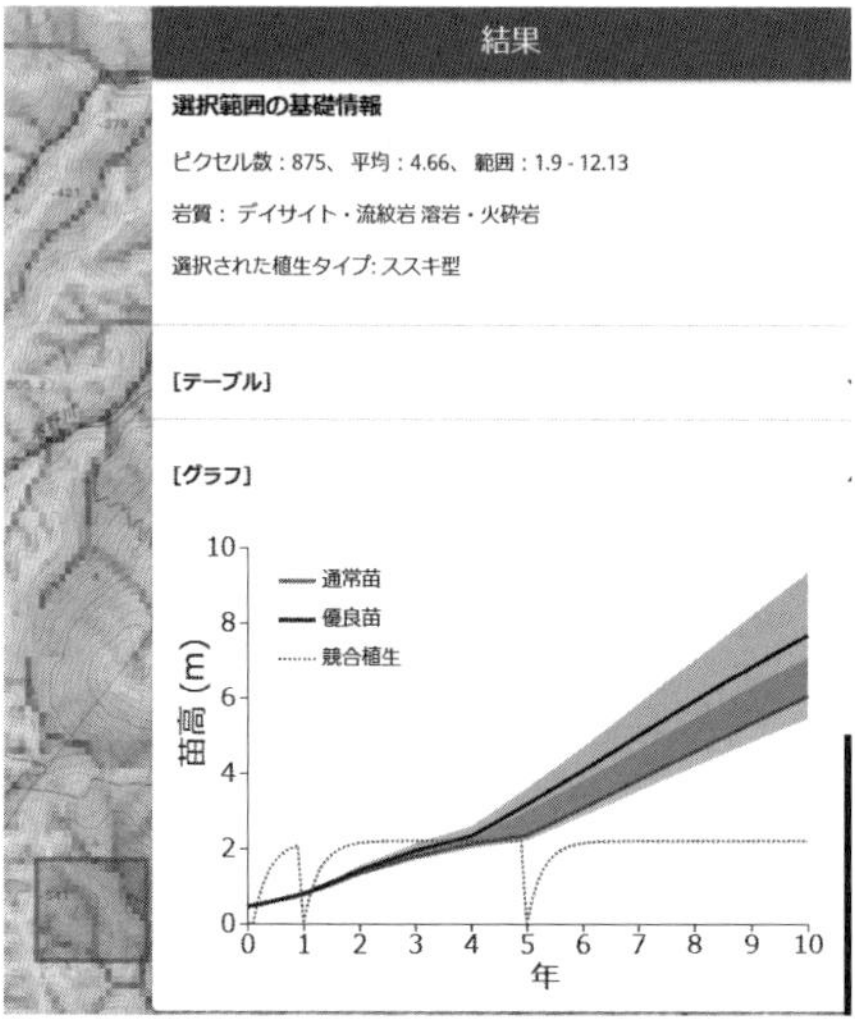

図9-4　計算結果ウインドウの表示

なお、各年当初に苗木が競合植生に被圧されている場合は、同じサイズの苗木の70%の成長速度になり(2)、さらに被圧状況が連年で生じる場合は成長抑制効果が積算すると仮定しています。このため、下刈りをしないで苗木が競合植生に覆われると、苗木の成長が抑制され、一方、下刈りを行う、あるいは成長により苗木の樹高が競合植生高を上回ると、苗木の成長が大きく改善される形になっています。

いったん計算を行った後は、表・グラフともに、基本メニューでの条件選択によってインタラクティブに変化しますので、植栽時の苗高や下刈り条件を変更することで、苗木の成長がどのように変化しうるか、イメージすることができます。注意していただきたいのは、このツールで示される苗木の成長は、モデル

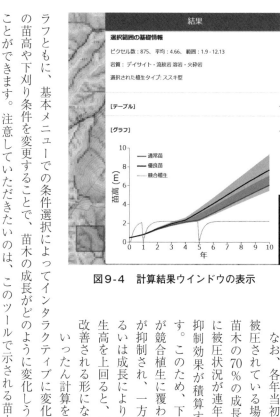

検索キーワード

- 地理情報システム（GIS）
- 地形湿潤指標（TWI）
- 競合植生と下刈り
- エリートツリーと特定母樹
- React
- cloud optimized GeoTIFF（COG）

から予測されるポテンシャルであり、実際の現場ではかならずしもこの通りになるわけではない、という点です。その点を踏まえたうえで、まずは室内（ＰＣ上）で、対象とするエリアでの苗木の成長特性をイメージして、さらに実際の施業現場で競合植生タイプなどを確認しながら、通常苗と優良苗を植栽した際の下刈りスケジュールを考える材料のひとつとする、などの使い方をしていただければと考えています。

4. おわりに

現在、I-Forest.GE は沖縄を除いた九州地方のスギだけが対象となっていますし、植栽時の施肥などの条件設定が利用不可になっています。今後、九州地方以外の地域における地形指標と成長の関係が明らかにされるなど、情報の蓄積が進むことでツールの拡張が可能です。いずれは全国各地のさまざまな林業用樹種、競合植生タイプを包括したツールとして発展させていくことができればと考えています。

引用文献

(1)森林総合研究所（２０２３）エリートツリーを活かす育苗と育林、施業モデル．32pp.（https://www.ffpri.affrc.go.jp/pubs/chukiseika/documents/5th-chuukiseika15.pdf）

(2)山川博美ほか（２０１６）スギ植栽木の樹高成長に及ぼす期首サイズと周辺雑草木の影響，日林誌，98：２４１-２４６．（https://www.jstage.jst.go.jp/article/jjfs/98/5/98_241/_pdf/-char/ja）

謝辞

第5章に関連して、国立研究開発法人森林研究・整備機構森林総合研究所林木育種センターからエリートツリー等に関する各種情報を提供していただきました。また、本書の基盤となる研究を進める際に、苗木生産や林業の実務に関わる多くの方々から多大なるご協力をいただきました。ここに感謝の意を表します。

本書の編著者

重永 英年（しげなが ひでとし）——— 1，2，3，4，5，8章

国立研究開発法人森林研究・整備機構森林総合研究所植物生態研究領域長。大分県で育つ。九州大学大学院農学研究科林業学専攻修士課程修了。1990年森林総合研究所入所。博士（理学）。専門は造林学、森林生態生理学。九州支所勤務の2000年代後半から低コスト再造林関係の研究を進め、林業のおもしろさと大変さを痛感。その後、霞ヶ関（林野庁）での貴重な行政経験を経て2018年から現職。研究成果の橋渡しに向けたツール開発が最近のマイテーマ。

本書の著者

中尾 勝洋（なかお かつひろ）——— 6章

森林総合研究所関西支所森林生態研究グループ主任研究員。東京農工大学連合農学研究科修了(農学博士)。お茶と温泉で有名な佐賀県嬉野市出身。専門は、植生学、森林生態学。気候変動下における森林生態系への影響評価研究から研究者キャリアをスタートする。現在は、森林生態系だけでなく人工林における気候変動の影響予測や適応策に関する研究、ドローン空撮画像を使った花粉着果量の自動画像判定技術の開発などを行っている。

本書の著者

野宮 治人(のみや はると) ——————— 7章(1.2.3.4)

森林総合研究所九州支所森林生態系研究グループ長。広島県生まれ。広島大学大学院理学研究科植物学専攻修士課程修了。森林総合研究所には1993年に採用され、2005年からは九州支所に勤務。九州で本格的に若齢造林地のシカ被害研究に着手し、シカ生息環境下での人工林の更新作業に関する研究で学位を取得。若齢造林地ではススキや薮に潜りながらの調査になるが、デスクワークより野外調査が楽しい。

山川 博美(やまがわ ひろみ) ———————7章(5)

森林総合研究所九州支所森林生態系研究グループ主任研究員。鹿児島大学大学院連合農学研究科修了(博士(農学))。高校までを長崎県の壱岐島で過ごす。専門は、造林学・森林生態学。天然更新による広葉樹林化、人工造林における初期保育など、森林の更新に係る研究を行っている。近年は、森林の更新をシカ食害から守るため、シカの影響を定量化する手法の検討を進めている。その他、森林管理におけるUAVの活用にも興味を持っている。

壁谷 大介(かべや だいすけ) ——————— 9章

森林総合研究所植物生態研究領域チーム長(樹木生産解析担当)。愛知県の港町出身。東北大学大学院理学研究科博士課程後期修了(理学博士)。2002年本所入所後、半年で木曽試験地に異動。学生時代から引き続き山の中の生活を満喫。2010年に本所に異動後、一時林野庁に出向するも現在に至るまでつくば在住。本来林業は門外漢ながら、PCと格闘しながら樹木の成長に係わる諸要因について研究中。

林業改良普及双書 No.206

低コスト再造林 歩みと最新技術

2024年2月5日 初版発行

編著者 —— 重永英年

発行者 —— 中山 聡

発行所 —— 全国林業改良普及協会
〒100-0014 東京都千代田区永田町1-11-30
サウスヒル永田町５F
電話 03-3500-5030
FAX 03-3500-5038
注文FAX 03-3500-5039
H P http://www. ringyou. or. jp
Mail zenrinkyou@ringyou.or.jp

装 幀 —— 野沢清子

印刷・製本 — 株式会社技秀堂

ISBN978-4-88138-458-9

一般社団法人全国林業改良普及協会（全林協）は、会員である都道府県の林業改良普及協会（一部山林協会等含む）と連携・協力して、出版をはじめとした森林・林業に関する情報発信および普及に取り組んでいます。

全林協の月刊「林業新知識」、月刊「現代林業」、単行本は、下記で紹介している協会からも購入いただけます。

www.ringyou.or.jp/about/organization.html
＜都道府県の林業改良普及協会（一部山林協会等含む）一覧＞

全林協の月刊誌

月刊『現代林業』

わかりづらいテーマを、読者の立場でわかりやすく。「そこが知りたい」が読める月刊誌です。
本誌では、地域レベルでの林業展望、再生可能な木材の利活用、山村振興をテーマとして、現場取材を通して新たな林業の視座を追究していきます。
毎月、特集としてタイムリーな時事テーマを取り上げ、山側の視点から丁寧に紹介します。

A5判　80頁　モノクロ
年間購読料 定価：6,972円（税・送料込み）

月刊『林業新知識』

山林所有者の皆さんとともに歩む月刊誌です。仕事と暮らしの現地情報が読める実用誌です。人と経営（優れた林業家の経営、後継者対策、山林経営の楽しみ方、山を活かした副業の工夫）、技術（山をつくり、育てるための技術や手法、仕事道具のアイデア）など、全国の実践者の工夫・実践情報をお届けします。

B5判　24頁　カラー／モノクロ
年間購読料　定価：4,320円（税・送料込み）

〈出版物のお申し込み先〉

各都道府県林業改良普及協会（一部山林協会など）へお申し込みいただくか、
オンラインショップ・メール・FAX・お電話で直接下記へどうぞ。

全国林業改良普及協会

〒100-0014　東京都千代田区永田町1-11-30 サウスヒル永田町 5F

TEL：03-3500-5030　**ご注文FAX：03-3500-5039**

オンラインショップ全林協：ringyou.shop-pro.jp
メールアドレス：zenrinkyou@ringyou.or.jp
ホームページ：ringyou.or.jp

※代金は本到着後の後払いです。送料は一律550円。5,000円以上お買い上げの場合は無料。
※月刊誌は基本的に年間購読でお願いしています。随時受け付けておりますので、お申し込みの際に購入開始号（何月号から購読希望）をご指示ください。
※社会情勢の変化により、料金が改定となる可能性があります。